椎野先生の「林業ロジスティクスゼミ」

ロジスティクスから考える林業サプライチェーン構築

椎野 潤 著
Jun Shiino

林業改良普及双書 No.186

はじめに

私の出身は建築でした。それが、早稲田大学のＭＢＡ（経営大学院）に奉職し、サプライチェーン・マネジメント（注1）の講義を担当することになりました。講義でのテーマは、世界でサプライチェーン・マネジメントの最初の成功事例となった、世界最大のスーパーマーケット・ウォルマート・ストアーズと、米国最大の日用品メーカー・Ｐ＆Ｇの間の緊密な連携などになりました。

しかし、私は、これらの先進産業の合理化に比べ、私がそれまでに歩んで来た、日本の建設業は、余りにも改善余地が多いと思いました。そこで、民間企業を集め、大学で産学協同研究会を開催し、改革を進めようとしたのです。その内の1つが２００１年に開始した「建築市場研究会」です。

これは本文の第7回で、その概要を述べていますが、小さい1戸建ての木造住宅を建設する小規模工務店を、インターネットでつないで、商流・物流等を合理化することを目指したものです。

私は鹿児島で実施されていた「鹿児島建築市場」の事例を取りあげ、それを研ぎ上げました。ここでは、住宅作りの資材・人（作業者）の流通は、完全に合理化されていました。しかし、唯一木材は残されていました。住宅の柱・梁等の木材は、全て外材であり、国産材は使えなかったからです。

そこで、これをなんとかしたいと、森の木から家作りまでを、インターネットでつなぐモデルの実証実験をしました。これは、第9回で概略をお話ししています。ここでの実証実験は成功しましたが、事業としては実現しませんでした。

その後、地球環境の改善における森林の重要性が強く認識されるようになり、「山と森」に強い関心を持つようになりました。２００８年には、この関心を整理して一書（注２）をまとめています。

２０１６年春、私は80歳になりました。もう現役で働ける期間は短くなってきたと自覚して、最後に、やっておかねばならない仕事は何かを考えました。ここで「国産材産業の創生」だと思い当たったのです。

そこで天命のように、東京大学の酒井秀夫先生と出会い、「現代林業」誌への執筆をすすめられました。

丁度、現在、私は毎日「ブログ」を書いています。人口減少が続く日本の未来を心配して、「50年後の日本を考える」というテーマで書いているのです。今、世界の産業・経済は激動しています。日本も、その中で生きていこうと激闘しています。この荒波にもまれている現代において、何を考え、何を決断しておかねばならないかを、私なりに書いておこうと考えているのです。その全ての産業改革は、中身をみるとロジスティクス（物流）改革とサプライチェーン・マネジメント（商流改革）そのものでした。

私は連載を、お引き受けするに当たり、それをそのまま、林業関係の皆様に、お伝えするのが、一番良いと考えました。これが、全10回にわたった「林業ロジスティクス」ゼミです。本書は、その連載をまとめたものです。

書き進めて行くにつれ「林業改革」とは、「物流（狭義のロジスティクス）改革」と、「商流改革（狭義のサプライチェーン・マネジメント）」の総合（広義のサプライチェーン・マネジメント）であることを痛感しました。

「林業の改革」は、これからの日本にとって最重要な課題です。そして「サプライチェーン・

マネジメント」は、そのための最高の名薬です。戦中戦後の国の非常時に、伐り尽くされた山の木を、国を挙げて植林しました。今、その木が、見事に育ちました。林業関係の皆様には、数十年にわたり木が育つ間、休眠状態にあった産業を覚醒させ、創生させるために、「林業サプライチェーン・マネジメント」を、総力を挙げて推進していただきたいのです。本書は、その参考になると信じます。

2017年1月　椎野　潤

（注1）サプライチェーン・マネジメントの定義、pp.48参照
（注2）山と森と住い、pp.25、参考文献4

目次

第4回　既存商業を破壊しているネット通販
サプライチェーン・マネジメントの理想像　45

第5回　林業をトヨタ生産方式で考える　63

第6回 「サービス製造業」への進化 日立製作所の挑戦

第9回　IoTの元祖は林業だった

最終回　覚悟をもった国の未来戦略　林業は輸出産業に漕ぎ出す　153

第1回

ロジスティクスの発想で考える

ロジスティクスという言葉

このシリーズのテーマに、「ロジスティクス」、という言葉がありますが、まず、それをやさしく、ご説明することから始めましょう。しかし、これも、あまり簡単ではないのですが、ここでは、あまり専門的に考えずに、部外者にもわかりやすいように、お話ししてみることにします。

ネット通販と量販店の巨艦店の熾烈な競争

近年、アマゾンのネット通販とY電機の闘いが注目されました。Y電機は、販売量を日本一にし、自分より小さい電機量販店をM&Aで、次々と飲み込み、さらに拡大し、最大量の仕入れ力により、業界のどの店より安く売っていることに、自信を持っていました。店員は、「この品を、ウチより安く売っている店があったら教えてください。その値段にします」と客に言い、事実、これを実行して、安売り競争を制していました。

しかし、このY電機はネット通販のアマゾンもその対象にした結果、2013年度9月期に、赤字に転落しました。Y電機の社長は「もう、アマゾンとは、安売り競争はしない」と宣言し、事実上、敗北を認め、大型不採算店の50店舗の閉鎖を発表しました（注1、参考文献1）。

これが、「大量販売最低コスト」の商売の神話が崩れた瞬間です。これを期に、量販店の大量閉鎖が続きました。考えてみれば当然です。アマゾンには、Y電機のような巨大な店舗はありません。店員もいません。その意味では、安いのは当然です。

賢い顧客は、Y電機の店頭で商品を選び、スマホで写真をとって、アマゾンの通販に発注します。アマゾンのアプリは、写真の映像で商品を確定し、「カートへ入れる」へ誘導します。次いで、「レジへ進む」「注文を確定する」に進み、最後に「ありがとうございます。注文が確定しました」で、買い物は完了です。1分後に、客のメールに、「お客様のご注文を承ったことを、お知らせします」「商品が、発送されましたら、Eメールにて、お知らせします」とメールが届き、ヤマト運輸が、即日宅配します。

私のロジスティクス

この勝負で、アマゾンがY電機に勝ったのは、サプライチェーン・マネジメントシステムの差の勝利と言った方が、判りやすいでしょう。すなわち「商流改革」の勝利です。最近は、この商流改革を「サプライチェーン・マネジメント」の改革と呼び、物流改革を「ロジスティクス」の改革と呼んでいる人が多いのです。そして、その全体を、「広義のサプライチェーン・マネジメント」と呼ぶ人が多数派です。しかし、私は、その全体を「広義のロジスティクス」と呼んできました。

それは、私は、サプライチェーンの語が使われるようになった前から、その広義のロジスティクスを主張してきたからです。それは、米アマゾン・ドット・コムの日本法人、アマゾンジャパン・ロジスティクスが、社名に使っているロジスティクスと同じ、広義のロジスティクスです。この会社は、狭義のロジスティクス（物流）は、ヤマト運輸に任せており、自分では実施していません。同社の行っているロジスティクスは、主として商流部分であり、商流・物流を統合したロジスティクスです。

商流改革で物流費の削減

私は、今まで、ロジスティクスの語に、こだわってきました。それは何故かと言うと、ロジスティクスの改革で、物流コストを低減しようとすると、商流改革が、不可欠だったからです。商流の改革と物流の改革を、わけて別の言葉で話すのが難しいと思ったからです。その説明をするのにちょうど良い事例が最近、新聞で報告されています。ヤフーオークションとヤマト運輸の連携による改革です（注2、参考文献2）。

これは、ヤマト運輸とヤフーが作った新サービス「ヤフネコ！パック」が、宅配便のコストを下げたのですが、これは、私が、先に述べた、広義のロジスティクスの改革の格好の例でした。まず、この説明の前に、話をわかりやすくするために、ヤマト運輸の最近の動きから、書きましょう。

ヤマト運輸は、最近、中小の通販業者に「即日配送をしてあげます。そのために必要な、コンピューターソフトは提供します。必要なら倉庫も貸してあげます」と宣言しています。そして、楽天の仮想商店街に出店している小さい会社に、商流処理合理化のソフトを貸して、即日配送しています（注3、参考文献1・5）。

ここで、気をつけねばならないのは、「即日配達」とは、ヤマト運輸が荷物を受け取ってから、宅配宅に、即日で届けるということではないのです。客が発注してから、宅配されるまでを、即日にすると言うのです。

中小の通販にとっては、客から受注してから、ヤマト運輸に荷物を渡すまでの時間の短縮が、大問題なのです。ヤマト運輸が荷物を受け取ってから宅配するまでの過程は文字通り「物流」であり、「狭義のロジスティクス」です。ここで、ヤマトがソフトを提供して改善するのは、その上流の「商流」部分です。この上と下を含めた改革が、私の言う「広義のロジスティクス改革」です。

ここで、ヤフーとヤマト運輸の提携による改革に話を戻しましょう。ヤフーオークションで、落札した商品を、即日配送することを目指し、ヤマト運輸は、商流改革のソフトをヤフーに提供し、それまでの手仕事中心だった仕事を、ＩＴプラットフォームを使ったものに改善しました。

その結果、ヤマト運輸の宅配運賃は、従来の６５６円から、「ヤフネコ！パック」の特別料金４８６円に、１７０円安くなりました。この１７０円は、ヤフー側が負担しました。すなわち、ヤフー側（商流側）で、１７０円分、合理化できたのです。その結果、ヤマト運輸の本業の宅配料金（物流側）が１７０円安くなったのです（注２、参考文献２）。

すなわち、これは、物流コスト低減が、商流改革で実現した典型的な例なのです。これは、一番最初にお話しした、アマゾンとＹ電機のコスト競争でのコスト差は、単に、店舗と店員のあるなしだけではないのだということを、想像させます。アマゾンの通販は、途中の商流の様々な経費の頭の上を飛び越して行っています。

商業の産業革命、原点はＩＴとロジスティクス

今、世界で、ネット通販が急拡大しています。米国が一番これが顕著で、米アマゾンが独走しています。その米アマゾンは、この成長の隘路《あいろ》となるのは物流（狭義のロジスティクス）で

あると見ているようです。そこで自ら、運送業を始めました。もう、米国内の陸送は始めました。太平洋を横断して、中国から大型船で運ぶ事業に着手するようです。米アマゾンにとっても、急成長への鍵は、狭義のロジスティクス（物流）に、なってきました。

今、世界の商業は、ネット通販に地盤を奪われようとしています。商業の産業革命が、起こっています。その根幹は、ＩＴと広義・狭義のロジスティクスでした。

「ロジスティクス」という語。これに何もかも含めて話すのは、説明が不明瞭になる欠点もありますが、凄く、便利でもあるのです。本書では、この便利な利点をとって、ロジスティクスの語で、お話しすることにします。

林業・木材産業をロジスティクスの視点でみる

私は、1冊だけ、林業・木材産業に関連する本を出版しています。２００８年に出版した『山と森と住まい』（参考文献4）です。この本に、熊本の素材生産業者、泉忠義さんから、いろいろお話を伺ったことを書いています。同書の中にある、木材ロジスティクスの話（同書

103〜105頁）を、参照して書いてみましょう。

「泉氏が原木市場の社長時代は、材を集めるのに苦労した。そこで、自分の材を1／3ほど出したのだが、これが他の客の迷惑になる。また、自分のものを後にすると、今度は金が回らなくなる。そこで、うちの材を買ってもらう客に、直接納入させてもらえないか交渉した。直物、曲がり物別に値段を決めて、4〜5社に納めさせてもらった。材は直接納入、ペーパーは市場経由の商物分離にした。これではい積み料だけは浮く。これでトラブルはなかった。」

これは、現在の商流・物流改革の端緒となった、セブンイレブンと味の素の「商物分離」を思い起こさせるものでした。こんな早い時期に、林業にも、先進的な産業改革の視点のある経営者がいたのだと、今になって、驚いています。

この時の経過は、この書にくわしく書いてありますが、これはセブンイレブンが、味の素に、自分の車で、荷物をとりに行かせてくれと頼みにいったのが、きっかけです。この間には、大手食品問屋、国分商店がいました。味の素は、国分さんには、お世話になっているので、外すことはできないと断りました。すると、セブンイレブンは、「取引きは、今まで通りで良いのです。経費は、国分さんに払います。支払いも国分さん経由で良いのです。荷物だけ、直接取りにいきたいのです」と言いました。

国分に経費が、そのまま払われるのなら良いだろうと、味の素は承諾したのです。この結果、国分へ持っていく物流費・倉庫費は、節約されました。この浮いた分は3社で等分にわけました。3年ほど経って、国分は、名目だけの経由による経費の受領を辞退し、情報問屋に脱皮し、大発展しました。国分は、情報遮断ではなく、情報透明化のコーディネーターになったのです(注4)。

この国分の体質転換と大発展の物語が重要なのです。その後、問屋等、途中にあるものを排除して、商流を単純化して直接買う「ダイレクトソーシング」が、急速に進みましたが、その目的は、途中の存在の排除による経費の削減よりも、情報の遮断の排除の方が重要だったのです。

今のネット通販は、その理想の極致です。エンドユーザーとメーカーの間に、人はだれもいません。ネットのプラットフォームを介して、エンドユーザーとメーカーの展示する品物が直接つながっています。透明な情報が流通しており、情報を遮断して利益を得るものの存在がないのです。

その情報の遮断の典型的なものが「市場（いちば）」です。市場で完全に途切れて、生産者と消費者との直接の情報交換はできません。さらに、仲買人等も、いままで重要な役割を果たしてきたのですが、ネット通販との闘いになってくると、１人介在すると、それだけ情報の遮断が障害になります。生鮮野菜、鮮魚などの流通も、ネットによるダイレクトな姿に、産業改革は、進んでいくと思われます。中国の顧客が中国本土から、楽天の仮想商店街へ、直接接続する時代になってきました。中国のアリババの仮想商店街に、資生堂、ユニ・チャームなど10社が合同で、アスクルを頭にして、出店しました。企業の壁も国境も消えていきます（注５、参考文献３）。

その意味では、原木市場を介さず、山直での流通が開通したことは、林業にとっても、大きな前進です。製材工場と山主との間の直接流通への道を拓くものです。まず、物流は直流になるでしょう。商流は、どうなのでしょうか。小さい山主が多いようですから、なんとか、うまくまとめねばなりません。まとめる人の役割は重要です。しかし、それが、情報遮断の張本人だと言われる状況は、大丈夫なのでしょうか。情報遮断があると、状況の変化への対応がおく

まとめ

- 広義・狭義のロジスティクス
- IT プラットフォーム
- 商流改革で物流コスト低減
- 商物分離
- ダイレクトソーシング
- 情報の遮断者とは

れますから、産業競争力は強化できません。アマゾンに押されているY電機のようになります。

私が大学にいたころ、セブンイレブンとイオンは、ダイレクトソーシングを熱心に進めていました。イオンとは対象的に、イトーヨーカドーは、有力問屋を残し集約化を進めていました。今、イトーヨーカドーは苦戦しています。大規模店舗の大量閉店を進めています。セブン＆アイ・ホールディングスの中で、絶好調のセブンイレブンと苦戦しているイトーヨーカドーが、対象的です。産業改革は、壁を越えた情報透明化が勝者になる流れに、確実に進んでいます。林業は、特殊だと言わないで、他産業の動きを直視しなければなりません。

（注１）参考文献１、pp.６、日本経済新聞、２０１５年５月28日から引用
（注２）参考文献２、pp.73、日本経済新聞、２０１６年２月１日から引用
（注３）参考文献１、pp.18、参考文献５、pp.３、日本経済新聞、２０１５年５月28日から引用
（注４）参考文献４、pp.１０３～１０５
（注５）参考文献３、pp.73、日本経済新聞、２０１５年11月６日から引用

参考文献

（１）椎野　潤著：週刊／椎野　潤ブログ集、２０１５　Ｖｏｌ．22、メディアポート、２０１６年２月25日
（２）椎野ロジスティクス研究所編：ブログ「先導者たち」を読む～未来を見つめ、社会・産業・企業・技術の進化を眺める、２０１６年１～２月号、メディアポート、２０１６年３月15日
（３）椎野ロジスティクス研究所編：ブログ「先導者たち」を読む～未来を見つめ、社会・産業・企業・技術の進化を眺める、２０１５年11～12月号、メディアポート、２０１６年１月15日
（４）椎野　潤著：建設業の明日を拓く　山と森と住い～林野と共生する家づくり、メディアポート、２００８年11月11日、初版
（５）椎野　潤著：週刊／椎野　潤ブログ集、２０１５　Ｖｏｌ．23、メディアポート、２０１６年２月25日

第2回

広義ロジスティクスの一部　サプライチェーン・マネジメントの効用
サプライチェーン・マネジメントは企業を変える

ロジスティクス研究会

早稲田大学に、ロジスティクスの代表的な研究会がありました。それは、奇しくも２０１６年3月に設置満了になったのですが、１９９６年に設立され、20年続いていた研究会です。それは、早稲田大学の高橋輝男名誉教授が設立された「ネオロジスティクス協同研究会」です。

この研究会には、日本の一流企業のロジスティクス部門の責任者や研究者が参加していて、貴重な研究が行われていました。私は、ここで種々な体験をしました。今日はそれを少しお話ししてみます。

ただし、これは大分古い話です。記憶が定かでなくなっています。細かいところは、間違っているかもしれません。従って、この話はフィクションとして読んでください。でも、このようなことがあったのは確かなのです。

全世界的ＳＣＭ（サプライチェーン・マネジメント）改善運動

自動車会社大手のＮ社の話です。この会社の方から最初いただいた名刺には、「物流部」とありました。それがいつの間にか「ＳＣＭ部（サプライチェーン・マネジメント部）」に変わっていました。

その時伺った話は、以下のような話でした。

「海外の現地法人からいろいろな質問がきます。もともとは「物流部」ですから、物の運搬に関する質問が中心でした。でも、安く運ぶには、商品の設計で、ここの寸法を○○cm変えてもらえれば積載率が上がり、ロジスティクス（物流）コストは○○円安くなるというような相談もきます。これは開発・設計部門に相談しないと回答できません」

ここで大事なのは、ただ回答するだけでなく、希望通り設計を変えてやることができるかどうかです。熱心に説得しなければなりません。また、「この国の運賃が高い理由は、部品の運賃が高いからだ」ということもあります。部品工場の設置地域を変えて欲しいということもあります。これは資材調達部門に相談しなければなりません。

この話になると、「ロジスティクス（物流）改革のためには、商流改革が必要になる」という、第1回でお話ししたことが重要議題になります。購買先の企業を変えるということになる場合もあります。

この現地法人の希望をかなえてやるには、本社の関連部門を集めて本気で議論しなければなりません。いつの間にか関連する部門を集めて前向きに議論し、各部門での決断を獲得し、現地法人に回答するコーディネーター役を担うようになりました。SCM（サプライチェーン・マネジメント）部の名前が先にできたのではなく、その機能（中身）が先にできたのです。

この会社では、その後SCM（サプライチェーン・マネジメント）改善運動というものが、全社的、全国的、全世界的に推進されるようになり、見事に統合されたグローバル企業になって行きました。その運動の中身になったのは、「物流部」の名のもとで行われていた「各部門の壁を越えた積極的な改革」が原点だったのです。

「お客様の喜びの声を社内の各部門に伝える」

アップル日本法人の初代代表取締役、堀昭一さんから、先日、こんなお話を伺いました。
「会社の中の部門間の、仲が悪くなっている時、直接直そうとしても難しいのです。このような時は、『お客様の要望をよく聞き、できる限り、その要望に応えてあげる』ことが大切なのです。そして、『お客様の喜びの声をできるだけ集めて、社内の各部門に伝える』のです。すると、皆が『喜んで協力して、お客様の要望に応える』ようになるのです。これで皆が生き生きと協調した、雰囲気の良い会社に変わって行きます」

このお話を聞いたとき、昔のN社のことを思い出しました。このN社のSCM部の前向きの活動で、要望に応えてもらった海外の現地法人の人達から、喜びとお礼の言葉が、続々と返ってきました。これが社内の喜びを誘発し、社内に、「部門の壁のない革新的な融和の社風」が形成されたのです。

この頃、N社は一時期経営不振で、T社に水をあけられていましたが、見事に復活し、また、その差を縮めたのです。有名なG社長の招聘によるN社の奇跡の復活の陰には、こんな裏話もあるのです。世界中をつなぐＳＣＭは、それほど偉大なのです。

企業間の壁を越えたＳＣＭ　その成功要因

このＮ社の話は企業の中で部門の壁を越えた連携ですが、ＳＣＭというと、サプライチェーンで結ばれた企業間の壁を破る連携が、さらに重要なテーマになります。原材料調達─部品生産─製品製造─小売販売─顧客、このサプライチェーン上の各社が連携して、コストダウンを重ねる。連なる上下が良く連携して改革すれば、必ずコストダウンができて利益が上がります。しかし、サプライチェーン・マネジメントの改革は、成功裏に終わらないことが多いのです。

それは集団全体で儲けた後の分配で、争いになるからです。これが巧くいった例は、大抵、1つのパターンです。この連携改革を主導した会社のリーダーが、自社の利益配分を小さくして分けた場合です。そうすると自社内で反発が起こりますが、それを抑えられるリーダーがいる場合だけ成功になるのです。

私が早稲田大学の経営大学院ＭＢＡの教壇に立っていたときに、ＳＣＭ（サプライチェーン・マネジメント）の有名な成功例として、教材に使わせていただいていた大手コンピューターメーカー、デルコンピューターと航空貨物の大手、フェデックス（どちらも米国）や、世界最大のスーパーマーケット、ウォルマート・ストアーズと世界最大の日用品メーカーP&G（どちらも米国）の連携には、いつもこの強力なリーダーがいました。

そのリーダーの方々に、大学の講義を手伝っていただきましたが、その方々は、目先の利益はいつも周りの仲間に譲って、常に大局的、長期的なところに目を向けていました。そして、何よりも、その方々は、人間として懐が深く、凄い人格者でした。結局、一見、科学的に見えるサプライチェーン・マネジメントの成功要因は、リーダーの人望にかかっていたのです。

サプライチェーン連携の有名な成功例

前記の2例の内、ウォルマート・ストアーズとP&Gの例は、買う人と売る人の連携でした。この買う人（ウォルマート・ストアーズ側）と売る人（P&G側）の間の人間関係と商取引きの関係が、私が、その頃、多く付き合っていた建設業界の常識と、随分異なっていました。

建設業界では、買う側（バイヤー、資材調達者）は、買う時に殆ど「値引き」を要求していました。従って、売る側（資材販売者）は見積りに常に「値引き代」を乗せていました。また、発注者は多くが複数企業から相見積りを取り競争させていました。

ところで、この有名なサプライチェーンの成功例での企業グループは、ここが根本的に違っていました。いつも売る側が、コストダウン計画を率先して買う側に提出していました。建設業のように、買う側がコストダウンを要求することはなかったのです。当然、相見積りを取るということは、全くありません。

一方、建設業界では、買う側と売る側は、駆け引きの相手でした。結局、騙し合いになっていることが多かったのです。それに対して、こちらのサプライチェーンで結ばれた会社同士は、協同してコストを下げる相棒でした。

ウォルマート・ストアーズのPOSデータ（POSシステムによって収集された商品情報）は、毎日、P&Gへ送られていました。そして、品目別売上げとコストは、全てP&Gで分析されていました。この結果、両者は重要なことに気がついたのです。ウォルマート・ストアーズが「特売」をやめれば、P&Gは「生産原価」を下げることができるのがわかったのです。

特売をすると、その日だけ売上げが増えます。売上高が大きく変動します。すると納品するP&Gの生産量も変動します。この生産の山を越えるため、在庫が増えます。また、この山の日を乗り越えるため臨時工を雇います。

これがなくなれば、生産コストが下げられるのです。ウォルマート・ストアーズは、特売をやめ、「エブリデイ・ロープライス」を始めました。Ｐ＆Ｇは、ウォルマート・ストアーズが、前日に売った分だけ翌日作ることになりました。これにより、無在庫生産になったのです。このことにより、このチームのコストは、著しく安くなりました。

これが起点となり、ウォルマート・ストアーズは、世界最大のスーパーマーケットに成長して行ったのです。サプライチェーンの連携がいかに偉大な成果をもたらすのか、これは有名な話です。ここにも、両者の良好な関係を永続させているリーダーがいました。これは世界の多くのＭＢＡ大学院で教材としている有名なサプライチェーン成功物語です。

建設業者は、発注者には原価は絶対に見せません。「原価を見せて、透明情報を流通させると儲からなくなる」という発想です。ここでは、工務店の下請けに入っている大工さんがお施主さんと話をするのを凄く嫌います。お客さんが、工務店に払っている単価が大工に漏れるのを極度に恐れているからです。これは透明情報の非伝達チェーンです。

まとめ

- SCM部がコーディネーター役を担う
- 社内の喜びを誘発する
- 企業間の壁を破る連携
- 成功要因はリーダーの人望
- サプライチェーン連携が生む成果とは
- 透明情報の非伝達チェーンとは

国産材産業の輸出産業への脱皮

先日、ある製材工場を訪ねた時、「原木を出している人達が、○○に協力してくれれば、生産量が増やせて、コストが下げられるのだが」という話を聞きました。「山の人達に、直接、話してみたらどうですか」と言いましたが、契約経路が複雑なようで、建設業の下請けの多重構造と同様で、透明情報は伝わりにくい状況のように思われました。

「山から木を出す側とそれを受け取って加工する側が、透明情報を交換して原価を年々下げていく体制作りができれば、この産業はこれからまだまだ、国際競争力を付けて行けるな」と思いました。それができれば日本の国産材産業も、世界の木材産業と競り合う輸出産業に脱皮できます。

第3回
Q、C、Dの戦いと「世界一工場」の誇り

これまでの2回は、ロジスティクスやサプライチェーン・マネジメントの考え方、この考え方に基づく企業改革の成功事例など、林業とは異業種の実例をひいてお話ししてきました。今回から林業を直接見てお話しすることにします。以下に、今、注目している事例についてお話しします。

日本の国産材産業の創成を占う工場

中国木材（注1、参考文献1・2）の日向コンビナートがある宮崎県（注2、参考文献3）は、日本一のスギの産地です。国産材産業を創成するには、全国の各県単位で頑張ってもらわねばなりませんが、その最初に取り上げる県として宮崎県を選ばせていただきました。

<中国木材日向工場の集成材工場>

中国木材日向工場の集成材工場が 2016 年４月から本格稼働しました。スギの集成管柱の生産を行い、年内に月間 5000㎥の生産を目指すということです。（出典：日刊木材新聞、2016 年３月 16 日）

すなわち、宮崎はダントツの第１位で、もう25年間、連続首位を保っています。中国木材の日向コンビナートの集材範囲の４県は、全てベスト10に入っています。宮崎（１位）、大分（３位）、熊本（４位）、鹿児島（７位）です。この４県の合計で３２５万㎥あり、全国の６分の１強を占めます。日向コンビナートは、木材の産出量の多い最適地に立地していると言えます。

日向の木材コンビナートが操業を開始し、順調に立ち上がっています。２０１６年３月に集成材工場の操業（注３、参考文献４）も始まりました。私は、「日本の国産材産業の創成」にとって、この集成材管柱工場は極めて重要だと考えています。

１番の関心事は、この工場で作られるスギの集成材の管柱が、Ｑ（品質、乾燥、強度、仕上がり）、Ｃ（コスト）、Ｄ（納期があてになる、絶対品切れしない）の全てで、欧州産のホワイトウッド管柱に競争できる商品になるかどうかということです。まさに、これが真剣勝負です。

中国木材の堀川保幸会長は、北米最大の林業・木材企業の社長に心酔していました。同社長は、約束を破ったことが一度もなかったのです。約束した品物は、必ずその日に来ました。約束した品質も守られました。どんな経済変動があっても、コストの約束も守られました。この信頼は確固たるものでした。堀川さんはこれに学び、日本国内で実行しなければならないと思いました。

木材の消費地の物流センターに大きな物流倉庫を置き、ありとあらゆるものを在庫しました。「注文があったら、即納する」「絶対に品切れさせない」。この信頼を確立して守ることに全力を上げたのです。ここでは、在庫費がかかりすぎるという社内の声がありましたが、その声を抑え込みました。

これが「外材は当てになるけど、国産材は当てにならない」と言われた、基本的な理由でしょう。私が、早稲田大学で開催していた研究会「建設ロジスティクス研究会」には、大手のハウスメーカー（工業化住宅産業のメーカー）が8社ほど参加していました。この各社は、「わが社は、緑の森、地球環境を大切にする家づくりを進めています」と、ホームページに揃って書いていました。

しかし、国産材を主体に使っている会社はありませんでした。「なぜ、国産材を使わないの

＜輸入材が大半を占める集成材生産＞

国内で供給される集成材は製品輸入の他に、国内生産では、国産材を原材料にしたものと輸入材（ラミナ等）を原材料にした２つに分けられます。ですから原材料ベースで見ると、純国産化率は16%程度であるのが実情です。

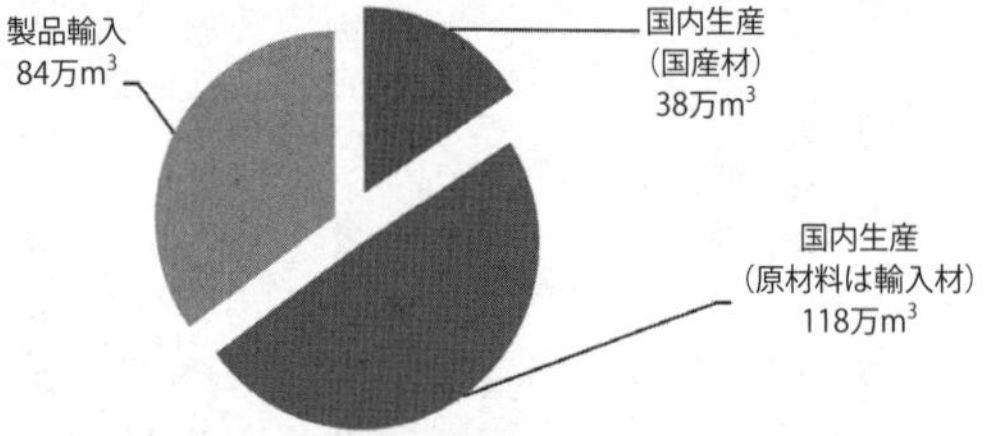

集成材の供給量内訳（平成26年）

資料：平成27年度 森林・林業白書より編集部改変

国産材で国内生産された集成材は近年微増しており、今後、中国木材日向工場のような工場が増えれば、純国産材の集成材比率の向上が期待できます。

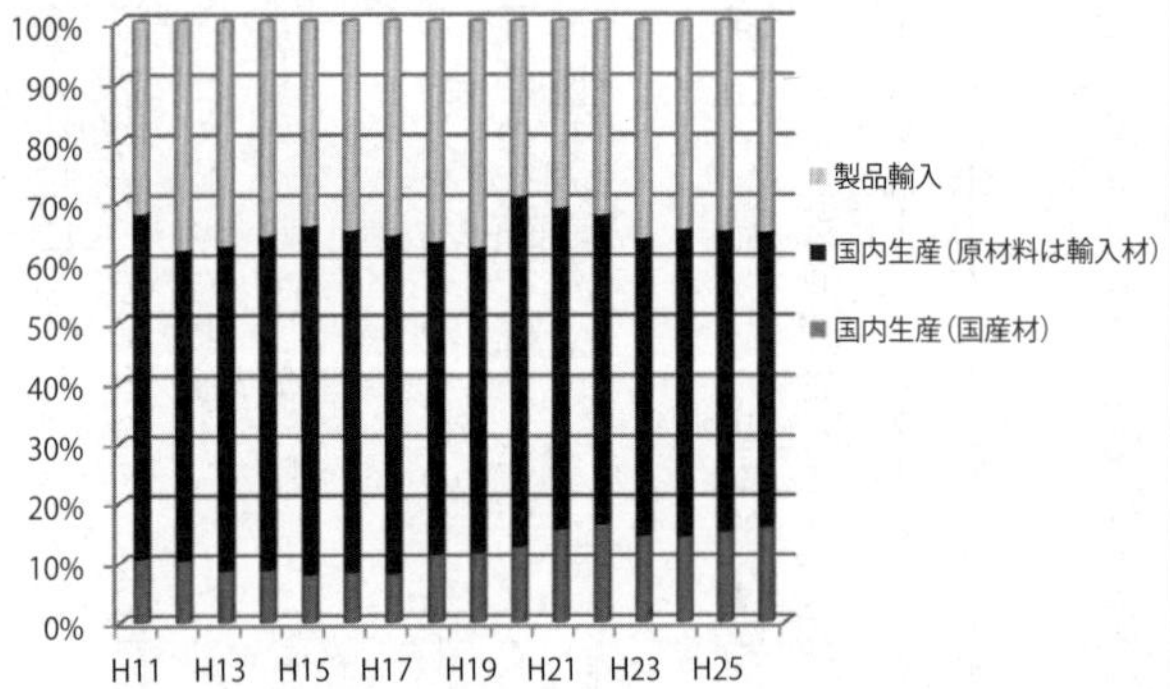

集成材の供給割合の推移

資料：平成27年度 森林・林業白書より編集部改変

ですか」と聞きますと、「当てにならないから、使えません」「われわれの会社は、資材が、どれか止まったら、会社全体が止まってしまいます」と言っておられました。

ゼネコンなど、普通の「建設業」は、現場単位の管理が原則です。しかし、ここでお話ししている大手ハウスメーカーの建設現場は、建設はそれぞれの敷地内で分散して行われますが、工程管理は「工場」を中心にして、全体連携して合理的に行っています。

会社全体、現場全体のサプライチェーンが連結しており、トヨタ生産方式のような合理的な管理が行われているのです。ですから、何か資材が約束通り入って来ない時は、全現場が一斉に止まってしまいます。

一度止まると数千万円（あるいは、それ以上）の損失が出るでしょう。ですから、多量の木材について、納期の確約ができなかったこれまでの国産材産業への木材の切り替えは、とても考えられないことだったと思われます。すなわち、品質（Q）、コスト（C）、納期（D）の管理の３要素のうち、納期（D）の信頼において、国産材は外材に全く太刀打ちできなかったのです。

「世界一の工場」—日向コンビナート見学

日向コンビナートを見学に行ってきました。中国木材の堀川保幸会長の直接のご案内で、日向工場を丁寧に見学させていただきました。凄い工場でした。私は、多分、世界一の製材工場だろうと思いました。

この日向工場は、堀川さんが「世界のどの企業にも負けない工場です」と、自信をもって世に送り出したものです。現在、日本の木材需要で外材にそのシェアを70％占められているのを奪還してくれるのではないかと期待しています。その中でも、ヨーロッパから来るホワイトウッドの管柱との競争に勝って欲しいと思っています。日本のスギは十分勝てると思います。

ここで、スギにとって品質として気になるのは乾燥です。乾燥不十分だと、変形、ひび割れ、ねじれ、曲がりなどの諸問題が出ます。スギは外材に比べて乾燥が難しいのです。

案内してくれた方は、「もう少し木材の入荷に余裕があれば、置き場に保管して自然乾燥で含水率のばらつきを減らして人工乾燥を楽にすることができるのですが、今はぎりぎりの入荷ですので…」と言っておられました。

しかし私は、「突然、このような巨大工場が生まれたのに、よく原材料が必要なだけ間に合って入って来るな」と感心しました。山の人達は、地元故郷のためと思って頑張っているのでしょう。

真剣勝負できるプライド、誇り

工場見学の後、原木を納める素材生産業者の伐採現場を案内していただきました。現場に着くと、この日は雨が降っていましたが皆が待っていてくれました。山は普通、雨の日は休みなのです。危険だからです。でも、皆、真っ黒になって働いて待っていてくれました。私が、「君たちの日向工場見てきたよ。凄い工場だね。世界一の工場だよ」と言いますと、皆、目がキラキラと輝きました。

この人達は、あの世界の大工場が「おれたちの工場だ」と思っているのです。ここには、プロセッサーの名人もいました。操作をしているところを見ましたが見事です。日本の急峻な山地での木材伐出で、必ず必要になる架線集材の名人もいました。

私は、ここへ来て、世界一の大工場の持っている重い意味を改めて知りました。「あれはおれ達の工場だ」と思っているこの人達には、「夢」と「誇り」がありました。この人達は、それを「後世への最大遺物」（注4）として遺そうとするでしょう。もう、この地から立ち去ることはないと思われます。

現場での問い

ここで工場で聞いたことを思い出しました。「山に何カ月か置いて、自然乾燥して持ってきてくれれば、人工乾燥が楽になり、工場の生産性が上がる」ということでした。それなら、「しばらく山に置いておけば良いのではないか」、そして「工場で利益が出たら、少しでも返してあげたらどうか」と思いました。

でも、「ここにいる人達は、木を伐ったら少しでも早く荷を出して、お金をもらいたいのだろう」、それなら「工場が先にお金を払って、（原木の）所有権は工場のものにして、荷はここに置いたらどうだろう」とも考えました。

こんなことを考えて行くうちに「この人達への金融はどうなっているのだろうか、金融リスクは誰が取るのだろうか」と聞きたいことが沢山、出てきました。

堀川さんは、大きな工場を作られて、金融リスクも金融もしっかり抑えておられる。でも、

まとめ

- 品質(Q)、コスト(C)、納期(D)
- 注文があったら、即納する
- 絶対に品切れさせない
- Dの信頼を得られなかった国産材
- 現場に「夢」と「誇り」があるか
- 管理規模ー現場単位か会社単位か
- 金融リスクは誰が取るのか
- 請負の多重構造と情報の不透明化

この人達には、そのようなことの情報はあまり伝わっていないのだろうと思いました。私は同じように、請負いの多重構造をなしている建設業を調べた頃のことを思い出して、そう考えました。

「でも、ここは宝の山だ」「世の中では、ネット通販が、あれほど、進んでいるのに」「ここには、まだ、透明情報が流れていない」「改善の余地は多大なのだ」「いくらでも改善できる。国際競争力のある産業にする余地は、いくらでもある」と思いました。日本国産材産業の創成への夢が、大きく膨らみました。

（注1）参考文献1を参照。参考文献2、pp. 11～31
（注2）参考文献3、pp. 56～61
（注3）日刊木材新聞、2016年3月16日、参考文献4、pp. 3～4
（注4）参考文献5参照、「後世への最大遺物」：明治の偉人、内村鑑三の言葉、「この世に生きた記念碑に、なにか、この世に遺して逝きなさい。その最大のものは「君の生涯だ」。参考文献（5）をぜひお読みください

参考文献

（1）椎野　潤・堀川保幸著：国産材産業の創成～森林から製材　家づくりへのサプライチェーン、メディアポート、2015年5月25日
（2）椎野ロジスティクス研究所編：ブログ「先導者たち」を読む～未来を見つめ、社会・産業・企業・技術の進化を眺める、2015年11～12月号、メディアポート、2016年1月15日
（3）椎野ロジスティクス研究所編：ブログ「先導者たち」を読む～未来を見つめ、社会・産業・企業・技術の進化を眺める、2016年1～2月号、メディアポート、2016年3月15日
（4）椎野　潤著：週刊／椎野　潤ブログ集、2016　Vol.13、メディアポート、2016年4月8日
（5）椎野　潤著：内村鑑三の言葉～現代社会を突き抜ける金言～、メディアポート、2012年9月9日

第４回
既存商業を破壊しているネット通販
サプライチェーン・マネジメントの理想像

今回で４回目になります。友人の読者から「サプライチェーン・マネジメントという言葉を最近よく聞くが、『生産・供給管理』とどこが違うのか」という質問を受けました。私は「そうだ、原点の説明をしなければ」と思いました。

今日は、サプライチェーン・マネジメントとは何か、どんなことから生まれたのか、原点をお話しします。少し難しいかもしれません。わからないところは、飛ばして読んでください。

まず、今、商業を大変革させているネット通販について、お話しします。これがサプライチェーン・マネジメントと深い関係があるからです。

ネット通販による商業の破壊

ネット通販は、今、世界の既存商業をどんどん侵食しています。米国と日本で特に顕著です。米国の巨大百貨店は、軒並み大きな販売減少に陥りました。日本の百貨店も、一部の店を除いて苦戦しています。百貨店だけでなく、大型スーパー、巨大量販店も軒並み苦戦です。

両国とも、米アマゾンのネット通販による顧客奪取が大きな要因です。中国におけるアリババ集団による既存商業の破壊も凄い勢いで進んでいます。近年、急成長しているインドネシアやベトナムも、ネット通販の拡大は著しく、これが国の経済成長を支えています。

これらの国々では、パソコンを使える人が少ないのが、逆に追い風になっています。人々はスマホでネット商店街に発注するのです。スマホの急速な普及が、その背景にあります。

インドでは、ネット通販の普及は無理だと言われていたファッション性の強い商品のネット通販が、恐ろしい勢いで拡大しています。すなわち、ファッション、手触り、風合い、体型との合致などで、見て触れて、着てみなければ買えないと思われていた「アパレル」のネット通販の伸びが凄いのです。

インドの街角で普通に見かける小さい商店の群れが、急速にインターネット上の仮想商店街に移って行っています。このインターネット上の商店街も、小さい店の群れなのです。

しかし、この商店の担い手は違ってきています。これまでの商店街の店主は、客に愛想が良く、商売の駆け引きが巧みな商人（あきんど）でした。ネット上の仮想商店街のオーナーは、コンピューターに強い若者が中心です。長い歴史を持つ、商業・商いが、大きく変わって来ているように思います。私は、サプライチェーン・マネジメントに、その淵源があると見ています。

ベトナムでは、車の通れる道路のない奥地の部落から、スマホを通じてネット通販による発注が来るようになり、ドローンによる宅配が始まっています。ここでは、スマホとネット通販が、物流（狭義のロジスティクス）を変え始めています。

もともと日本で楽天がインターネット上の仮想商店街を作ったとき、参加した企業の多くは、企業というよりは、個人または家族経営の超小型集団でした。多くが作る人が売る人そのものであり、ネット上にある商品を気に入った人が買う人でした。すなわち、売る人（メーカー）と買う人（顧客、消費者）は、ネットでダイレクトに結ばれていました。

ここでは、それまでの商業にはあった、商品を集めて売る商店、ここへ商品を届ける代理店、問屋など、中間者はいませんでした。それでもそれは関係者が超小企業だから、なくても済むのだろうと気に留めなかったのです。これが商業の破壊の端緒になったのです。

サプライチェーン・マネジメントの発祥の歴史

現在、どこでも使われているサプライチェーン・マネジメントという言葉ですが、その源流を遡ってみますと、1985年に発表した米国のコンサルタント会社、KSA社（カート・サーモン社）のQR（クイックレスポンス）という活動についての報告書に辿り着きます。

これは百貨店を中心とする衣料品、住宅関連品を取り扱う産業（米国では「リテール産業」と呼ばれています）で、関係者が協力して行った改善活動の報告書です。これに刺激を受けて、これと対立する立場にあったスーパーマーケット、食品、雑貨の業界（同、「グローサリー業界」と呼ばれています）が行った改善活動が、ECR（エフェシェント・コンシューマー・レスポンス）でした。

現在のサプライチェーン・マネジメントは、このQRとECRが源流で生まれたものです。サプライチェーンの語が初めて使われたのは、1988年です。

すなわち、出発時には、サプライチェーン・マネジメントは、百貨店等で売られる商品について、買う顧客が、コスト・品質・魅力度において、最高の満足を得られるように、品物をどのように棚に陳列するかに焦点があったのです。

サプライチェーンの最初の先導者であったカート・サーモン社の小川卓也さんは、サプライチェーン・マネジメントの定義を以下のように述べています。

「サプライチェーン・マネジメントは、末端のサプライヤーから顧客に到るまで、商品、フロー、情報、財務の管理をおこない、これによって商品とサービスにより、大きい付加価値を付加する」（注1、参考文献1）

最初、商品の棚への並べ方の検討で、小売店の店頭に集まった、店舗の販売企画者、問屋、メーカーの担当者は、商品だけでなく、メーカーから店舗まで来るフロー、情報、財務が重要であることに気がつきました。

そして、この活動が歴史上、画期的だったのは、それまでこのようなことは店舗と問屋だけの関心事であったのが、この会合にメーカーが参加したことです。すなわち、検討されるサプライチェーンが、メーカーから顧客までつながったのです。そして、メーカーからのロジスティクスが重要なことが解りました。

私のサプライチェーン・マネジメントの定義

この時、私は、サプライチェーン・マネジメントを以下のように定義しています。

「部材の製造から製品の消費者への供給、その使用、さらに廃棄・回収・再利用に到るまでの全サイクルの物の流れ、情報の流れを合理化して、顧客に提供する価値の増大を図り続ける総合的な活動」（注1、参考文献1）

私は、サプチイチェーン・マネジメントの語に、最初に触れたこの頃、ロジスティクスの研究者でした。これに「情報の流れ」は常についていました。しかし、ここで眼から鱗が落ちたのは、小川卓也さんと議論していて、ここに「商いの流れ」が入ったことです。それまで、「商い」を流れと見る視点はなかったのです。

それから、私の研究は「物の流れ」の改善。「商いの流れ」の改善。「情報の流れ」の改善が中心になりました。特に、この内、「商いの流れ」の改善が最大の難問でした。なぜなら、この改善には既存の社会の破壊を伴ったからです。

まず、「情報の流れ」の改善はどんどん進みました。人々は、率先して古いソフトを捨て、新しいソフトを入れました。IT化、人工知能（AI）（注2）の現在の大発展は説明するまでもありません。

「物の流れ」もどんどん進化しましたが、いつも「商いの流れ」が改革できないのが隘路《あいろ》になりました。でも、その隘路が、今、ネット通販で吹っ飛んでいます。

私は常に、サプライチェーン・マネジメントの視点から、作る人（メーカー）と使う人（顧客）の間には、1人いれば良いと考えていました。その究極の姿が実現したのです。今、ネット通販で間にいるのは、アマゾン、ただ1人です。


ネット通販は、サプライチェーン・マネジメントが目指してきた「物の流れ」「商いの流れ」「情報の流れ」を、今考えられる最善の形まで改善し、購買する顧客に「コスト」「品質」「即納」において、最大満足を与えています。

すなわち、当時、私が考えていた「理想の姿」が実現しています。実店舗が侵食されるのは当然の帰結です。ITの技術の発展は今後も著しく、しかも、その情報は国境を越えています。

今後、ますます進展して行くでしょう。それにより、「物の流れ」「商いの流れ」はさらに改革が進むでしょう。

また、顧客満足という点から言うと、私の予測していなかったことも起きています。顧客が「ロングテール商品」（注3）を手に入れることができるようになったのです。ロングテール商品とは、珍しいものですが売上げが少ないため、これまでは、店頭には並ばなかったものです。

ネット通販のネット上の店舗は、物理的な空間の広さの制約がありません。滅多に売れないものも陳列できます。これを、「超多数陳列して、超多人数の顧客に見せれば、逆に、売上げが上がる」という「ロングテール効果」（注4）が学説として、今、提唱されており、マーケティングの常識を覆しています。

この商品には、少数ながら「大好き」な人がいるのです。この人の比率は少ないのですが、全世界から集めれば大きい数字になるのです。そういう商品が、ネット通販の中で重要な位置を占めて来ているのです。

ここまでがサプライチェーン・マネジメントの原点です。

ネット上の店舗では、超多数陳列して超多数の顧客に見せることで売上げが上がるロングテール効果が期待できる

それでは、ここでサプライチェーン・マネジメントを実施しているグループの特徴を見ていきましょう。その特徴は以下です。

(1) サプライチェーン・マネジメントの理念と方法を熟知している人達（あるいは企業）の集団である。
(2) お互いに絶大な信頼関係がある。
(3) 透明な情報を公開している。情報は例外なく全て公開している。
(4) 既存の組織、商習慣等にとらわれず、改革に共同で果敢に挑戦する。
(5) 自社に不利益なことでも、グループ全体の利益であれば、積極的に協力する。
(6) 利益は公平に分配する。少しの秘密もあってはならない。

事例1――メーカーと小売りの共同のロジスティクス改革

次にサプライチェーン・マネジメントグループの成功例を述べてみます。

最初に、一番わかりやすい「物の流れ」の改善の事例からお話しします。これは大手メーカー「花王」と大手小売店「イオン」の共同による物流コストダウン（注5、参考文献3）です。

大手メーカー花王は、名古屋圏から首都圏に大型（20t）トレーラーで荷物を運ぶ便を週4便運行していました。この車両は往路は満載でしたが、復路はほとんど空車でした。

一方、大手小売店のイオンは、首都圏を出発して名古屋圏へ向かう便を週5便運行していました。こちらも同様で、往路は満載、帰路は空でした。この2社が連携してこの輸送を合理化したのです。

すなわち、この運搬車両を両社同車種の牽引車付きのトレーラーに統一し、中間点の静岡で、運転手の乗る部分（ヘッド部分）（注6）を交換したのです。これで、朝、花王（名古屋）を出た運転手は、午後、名古屋に戻りイオンに荷物を届けます。

これまで運転手は1泊2日の仕事でしたが、日帰りできるようになりました。運転手の勤務体制は格段と楽になりました。労働環境の改善効果は大でした。運転手を募集しても集まらず困っていましたが、この点でも朗報です。運賃も30％安くなりました。

これは、メーカーと小売店の異業種連携で珍しい例です。業界が違うと運送業者との契約方法など、細かいところが違うのです。使っているトラックも、本来は違うと思います。運転手の勤務体制、休息の与え方なども調整が必要です。

特に、何か事故があったときの対応が重要です。全ての情報を互いに開示して、緊急事態での対応を決めておかねばなりません。

しかし、透明情報の開示というのは、とても難しいのです。１つの会社の中でも、実は、大変なのです。私は、昔、ある会社から社内版サプライチェーン・マネジメントを作って欲しいと頼まれたことがありました。

それで見に行ったのです。その会社の「ありのままの情報」を出してもらいました。これを検討しましたが、どうしても合わないのです。その結果、以下のことがわかりました。

（1）営業は、今期中に受注出来そうな受注量を、少なめに工場へ連絡している。期末に、目標が達成できないと、本部長の責任が問われ、次期社長争いに悪影響が出るから。

（2）工場は、営業のこの動きを察知しており、期末に計画を超えて製造依頼が来るのを予見している。

従って、計画より多く作る実施の裏計画を作っている。

このように本物は裏計画だとすれば、表情報をＩＴ化して経営管理しても全く無意味なのです。

事例2―鮮魚の直送サプライチェーン

私は、皆さんに説明しておきたいサプライチェーン・マネジメントのビジネスモデルを１つ作りました。それは「日本一うまい魚を、とびきり新鮮なうちに食べたい」という、顧客の熱望を満たすビジネスモデルです。それは、今、日本中に充満しているコストだけが物差しのモデルではないのです。これは資料（注7、参考文献2）を参考にして作りました。

そのプロジェクトに参加する関係者が協力して実施しなければならないことを、小川卓也氏のサプライチェーン・マネジメントの定義にあった「フロー」で示しました。これは鮮魚を「できるだけ新鮮なうちに」「ジャストタイム」で、消費者に届けるための仕組みです。

まず、フローの先頭にいる顧客は、寿司屋、鮮魚料理店等の店舗です。その夜に、客に出す

店舗着18時──宅配便、羽田空港発──羽田空港魚捌き場着──航空機、羽田空港着──航空機地方空港発──運送会社、地方空港着──運送会社、港発──漁船、港着

料理に使う鮮魚を、18時必着で届けるのです。このフローの終点にいるのは漁師です。

各地に「彼だけが知っている」という、うまい魚の捕れるところを知っている腕利きの漁師がいます。この漁師が捕ってきた魚を、港から直接、全国50カ所の地方空港へ運び、ここから飛行機で羽田空港へ運んで、空港内にある「魚の捌き場」で魚の腹を出し、鱗を落として処理して、宅配便で各店舗へ届けます。

このフローの途中の時間は、ジャスト・イン・タイムで、最終到着時間18時から逆算して計画することになります（図）。

なお、地方空港と羽田空港の間の所要時間は、地域によってそれぞれ違います。従って、漁師が港に帰着しなければならない時間は、各地で違います。これは、青森や長崎から首都圏の飲食店までの間の長距離を魚が移動する作業フローですが、実態は、工場内の流れ作業のコンベヤーの上の作業と同じです。

このモデルの一部は既に動いていますが、現状は、地方空港から羽田

空港に飛ぶ飛行機は、既存のダイヤ通りにしています。今のところ待たされるところもありますが、これも航空会社が調整してくれているようです。また、羽田空港の魚捌き場は、同時間帯に短時間に集中します。これは、その日の仕事量に合わせて、街の魚屋さんが、その時間だけ、動員されるようです。

ここでは、漁師、運送会社、航空会社、空港の魚捌き場、動員される魚屋さん、宅配便が、「うまい魚を食べたい」と熱望している客を満足させるために、協力して活動しています。これは典型的なサプライチェーン・マネジメントです。

しかし、このようにぎりぎりの管理をしているシステムは、何かトラブルがあった時には、対応する余裕はありません。非常時の対応を考えておく必要があります。しかし、このようなとき、「今日は、来なかったのよ。ごめんね」で済ますか、金がかかっても別の対策を準備するかは、当事者の考え方次第です。

事例3―産業変化に対応する百貨店　地域の熟練工と衣料商品開発

最後に、激しい産業変化の中で自らを変革して対応しようとしている企業の例を挙げておきます。百貨店が衰退し始めているのは、強力な新勢力が現われたこともありますが、百貨店自身が、今まで持っていた高級品の強いブランド力に頼り切り、時代の変化に対する真剣な対応に、欠けていたこともあるのでしょう。

この点で高島屋（注８、参考文献４）に注目しています。日本各地の布地の産地を訪ね、今、消えかけている伝統技術者と膝詰めで話し会い、同店独自の他に例のない超高級服地や斬新なアパレルを生み出しています。百貨店自らが、魅力的新商品開発に乗り出したのです。

これも小売りという「商業」と「モノ作り製造業」の、特に「技術者の技能」との異業種連携のサプライチェーン・マネジメントが生まれているのです。ここにもいずれＡＩが絡んで来ると思いますが、これにより百貨店という存在も変わって来ると思われます。

「百貨店が様々な商品のモノ作り者と連携して、魅力的な商品を開発する」

これも新しいビジネスモデルです。破壊されつつある旧来の産業の中で、新しい産業を興すでしょう。

以上の３つの事例のうち、花王とイオンは、社内全員にサプライチェーン・マネジメントが徹底しています。これはまさに、企業間連携サプライチェーン・マネジメントの好例です。２

まとめ

- サプライチェーン・マネジメントの源流はQRとECR
- 「商いの流れ」の改善
- 「コスト」「品質」「即納」において最大満足
- マーケティングの常識を覆すロングテール効果
- 表情報のIT化を形骸化する裏計画
- 「生産・供給管理」と「サプライチェーン・マネジメント」との違い

番目は私が描いたモデルです。3番目は、企業全体がサプライチェーン・マネジメントを熟知するにはまだ至っていないかもしれません。しかし、当事者達はよく理解して、強い絆で結ばれているでしょう。

今回は、サプライチェーン・マネジメントとは何かをお話しし、サプライチェーン・マネジメントグループの具体的な活動を示しました。これで、サプライチェーン・マネジメントのことが少しおわかりになったでしょうか。ご質問の「生産・供給管理」と「サプライチェーン・マネジメント」とは大分違うと思うのですが、いかがですか。

「生産・供給管理」は、「サプライチェーン・

マネジメント」の一部ですが、「サプライチェーン・マネジメント」は、もっと大きな壮大なコンセプトなのです。

（注１）参考文献１、pp. 33～48
（注２）人工知能（ＡＩ）：人工的にコンピューターの上で人間と同様の知能を実現しようとする試み
（注３）ロングテール商品：販売機会が少ない商品
（注４）ロングテール効果：インターネットを用いた販売の効果の１つ。販売機会の少ないロングテール商品でも、アイテム数を幅広く揃え、顧客の総数を増やせば、総体売上げを増大させることができると言う効果
（注５）参考文献３、日本経済新聞、２０１６年６月４日から引用
（注６）ヘッド部分：運転席部分と荷台が分離できる牽引自動車の運転席部分
（注７）参考文献２、pp. ７～８
（注８）参考文献４、日本経済新聞、２０１６年5月24日から引用

参考文献

(1) アジア太平洋研究センター、国際経営・システム科学研究、第32号、2001年3月31日
(2) 椎野　潤著：週刊／椎野　潤ブログ集、2016　Vol.13、メディアポート、2016年4月8日
(3) 椎野　潤ブログ、イオン・花王物流改革　運転手不足解消　トラックリレー、2016年6月6日
(4) 椎野　潤ブログ、高島屋　国内繊維産業地と医療開発、2016年6月9日

第5回 林業をトヨタ生産方式で考える

林業のような産業は、１００年先を考え、社会全体を見渡して考えておかねばならない産業です。50年ぐらいのスパンではまだ、短かいのです。国中の伐採量を毎年平準化して、安定させておく必要がありますから、１００年ぐらいかけて計画し努力しなければならない産業なのです。

森林の多様な機能、水源の確保、災害の防止、生物多様性の保存、人々のレクリエーションのための機能、そして木材生産産業としての機能。この全てを考えたうえで、日本の各地の山間地の地元の安定した雇用を生む産業として、地域を活性化し続ける姿を皆で描き、実現につなげていかねばなりません。

一方で、森は、財を生み出す工場でもあるのです。太陽は、今、年間1億㎥の木を太らせてくれています。これはまさに、天の恵みです。感謝して大事に使わねばなりません。また、これは国民の大事な資産です。次世代、次次世代に、この森の遺産を遺さねばなりません。伐りすぎてはいけないのです。

国産材産業を創成するには、山や森の大切さ、山を守る人の大切さ、その人達の生活する山村の活性を維持することの大切さを、国民皆が認識することが、きわめて重要です。一方、世界の人達は、日本文化に強い憧れを持っています。今、この時、和風住宅と日本のスギの魅力を世界に発信する、強力な国民運動を展開することも、とても重要でしょう。

近年、世界経済は、拡大基調にあります。しかし、世界経済がこのような好調を長く持続させることが難しいことは、過去の歴史を見れば明らかです。世界経済が深刻な不調に陥る事態も考えておかねばなりません。このような危機に国が直面した時には、山の木は、貴重な売却可能資産となるのです。

日本は、これから人口減少が続きます。次第に体力を消耗していくことが危惧されています。国に体力がある内に、この山の木を容易に伐り出して商品にできる体制を整えておくことが重要なのです。

森林・国産材産業長期国家戦略

林野庁は、現在、5年に1度の「森林・林業基本計画」の改訂を実施しています。林業は、今、大事な時期に来ていますから、今回の改訂（注10）で、さらに内容を一新すると思いますが、ここで引用している平成23年版の「森林・林業基本計画」（参考文献1）においても、その内容は既に、私が、経営戦略用語で「林業・国産材産業長期国家戦略」と呼んでいたもの、そのものになっています。これは100年の長期にわたる計画であり、それは単なる計画ではなく、国をどのように変えていくかについての戦略を示しています。

森林は多様な機能を持っています。それが同計画で明確に定義され、達成すべき機能、目標が明示されています。それは、以下の7機能です。

（1）水源かん養機能
（2）産地災害防止機能／土壌保全機能
（3）快適環境形成機能
（4）保健・レクリエーション機能

（5）文化機能
（6）木材等生産機能
（7）生物多様性保全機能（属地的に発揮される一部の機能）

この多くの機能を見てわかるように、森林に関する産業である林業は他の産業に比べ、著しく重要な産業なのです。トヨタ自動車が牽引する自動車産業や、日立製作所が切り開こうとしているサービス製造業はもとより重要な産業ですが、人々の生活の一部を支える産業です。これに対して林業は、国土・地域社会全体を包含する産業だからです。

すなわち、森林に関する産業は、その全てが重要ですが、私は、このあとは（6）の木材等生産機能を取り上げて論じます。すなわち、森林の生産システムとしての機能とその産出品です。その他の機能については、それぞれ専門の方々がおり、着実に実行されていますので、おまかせして、説明は省略します。

もし、ここで取り上げるのが生産システムであれば、国際競争力のある産業に育てねばなりません。そこで、今日は、生産システムの競争力強化で世界で注目されている、トヨタ生産方式を取り上げます。

今年、植えたスギの苗を木材として伐り出して、住宅を作れるのは50年後です。本当は、50年後、どんな家がどれだけ建つかを知って苗を植えねばなりません。今、日本発の工場生産の大革命で有名なトヨタ生産方式で考えるとそうなるのです。

トヨタ方式は「後工程引き取り生産」です。後工程が作業着手できる瞬間に、前工程は生産を終えて引き渡すのです。ここでは後工程は、住宅工程ですから、住宅の建て方工事に、丁度間に合うように、育林、伐採、素材生産、丸太運搬、製材、乾燥、プレカット、加工材搬送を行い、引き渡すということになります。

これを50年後を目指して行うということですが、育林を除く伐採以降にかかる時間はぐっと短くなり、移動が目立ちます。この間はロジスティクスの視点で考えられそうです。

こう考えると、林業・木材産業は、量産工場等に比べると酷く特殊ですが、反面、それだけに、今までと全然違う作り方の改革を勉強すれば、思いもよらぬ発見があるかもしれません。挑戦してみる価値はありそうです。

ロジスティクスの基本

本題に入る前に、ロジスティクスの基本について、また、もう少しお話ししておきましょう。ロジスティクスと言えば、基本的には動くということが基本です。動くことによって、何らかの効果を生むものです。動かない時は停止です。停止の代表的なものが在庫です。ロジスティクスの視点から見れば、在庫には積み替えのためのものと保管するためのものとがあります。前者のための場所をクロスドック型物流センター、後者を在庫型物流センターと言います。林業の土場にはこの2つの機能があるでしょう。

ロジスティクスコストを低減させるために在庫の削減が進められます。それを最少にしたのがクロスドック型物流センターで、積み替えだけが行われ、組み替え時間の最少化が図られます。ここで積み替えが必要になる原因は、運送費と道路です。長距離を運ぶには大型車両の方が安く、一方、住宅地などへの配送は、道が狭く小型車しか入れません。ですから積み替えが必要になります。

林業では逆です。山奥に入れる車は小さい車でしょう。しかし、遠距離を安く運ぶには大型車の方が有利です。結局、積み替えることになりそうです。しかし、積み替えには時間も人件費も機械も必要です。積み替え費用をかけても積み替えた方がコスト的に有利かどうかを、計算しなければなりません。

製造業では、工場へ部品等を輸送する「部品輸送」と、工場で作った製品を運ぶ「製品輸送」があります。かつては、各部品メーカーに物流センターがあり、製品を作る側にも、部品受けの物流センターがありましたが、今は、できるだけ少なくするように合理化が進んでいます。工場から需要地が遠い時は、消費地近くに物流センターがあるのが普通です。

しかし、この途中のセンターの省略や、在庫倉庫の省略は、工場の中の改革と同じです。これまで、工場の中に、部品工場から運ばれてきた部品の在庫があり、流れ作業の途中にも、仕掛かり品在庫（製品を作る途中の半製品の在庫）がありました。

これを、限りなくゼロにしていこうというのが、トヨタ生産方式です。私の言葉で言えば、これもロジスティクス改革の延長線上です。

トヨタ生産方式の実例　ロジスティクスの延長線―クリナップの生産（注1）

トヨタ生産方式の実例を示しておきましょう。ここでは、木材産業に近い「流し台の生産」

を取り上げます。クリナップの生産（参考文献2）は、トヨタ生産方式として有名です。

クリナップでは、その「流し台」を現場での取り付けの日時から、逆算して、工場で生産します。例えばその流し台は、北海道札幌市の某邸で、朝9時から取り付けられるとすると、そこまでの車の運搬時間を逆算して、車が工場を出発するように生産します。もし、○○時間かかるとしたら、取り付けの○○時間前に、工場出発です。1時間で行ける近くの場所なら、1時間前の出発です。

生産ラインは出発の14分前に、生産が完了するように、流れ作業で生産されます。取り付け部品は、生産ラインの各工程に丁度間に合うように届けられます。部品工場からは、それに丁度間に合うように工場を出発することになります。

このクリナップの生産では、トヨタ生産方式のジャスト・イン・タイム生産が成立しています。商品（流し台）の製品在庫はゼロです。製品の生産ライン末端での滞留は、最大14分です。工場の生産ラインは、「多品種・混合・1個作りの混流連続生産」で、ラインの中の部品等の在庫も基本的にありません。この生産システムに移行する前には、全国におびただしい数の倉庫がありました。

ロジスティクスの視点で見た工程—流通加工

ここで、クリナップ流し台の製造工程を考えてみます。すると、部品工場と流し台工場の間の「部品の輸送」、「流し台の製造」、「流し台の輸送」が部品から流し台ができて、取り付け工事場所へ行くまでに必要な「工程」であることがわかります。

この場合、この中の「流し台の製造」工程だけが製造工程で、その他は輸送工程です。しかし、これをロジスティクスの視点で見た場合、流し台の製造は「流通加工」と呼びます。ここでは全体を「流通（ロジスティクス）」と見て、「移動（輸送）」と「流通加工」に分けるのです。かつては、「流通加工」とは、発送前の「梱包」「荷造り」「宛て名ラベル貼り」などの付随作業を示していました。これが拡大解釈されるようになったのです。

最初は、トラック内での何らかの自動加工、バナナ船内のガスの注入などでしたが、生産ラインの自動化に伴い、その範囲はどんどん拡大しました。私は、かつて大手物流会社、サンキュウの流通加工センターを見学したことがあります。それは成田空港の近くにあり、世界各地から空輸されて来る「パソコン部品」を組み立てて、「パソコン」を作っていました。私が見学した感じではパソコンの製造工場そのものでしたが、ここは物流会社の流通加工センターなのです。パソコンメーカーではないのです。

リードタイムゼロを目指す

ここでもう1つ、大事な言葉をお話ししておかねばなりません。それは「リードタイム」という言葉です。リードタイムは、注文してから注文品が届くまでの日数を言います。「ジャスト・イン・タイム生産」は、究極には、「リードタイムゼロ」を目指しています。今日頼んだら、明日来るのは、リードタイム1日です。1カ月後に来るのは30日です。

製造業を大変革させたデルモデル

私が大学で、サプライチェーンを講義していた頃、米国のデルコンピューターが、パソコンの注文を受けてから作る方式にしていました。その頃、これは「デルモデル」と呼ばれ、世界の製造業に、センセーションを巻き起こしていました。デルのリードタイムは、当時5日でした。1人1人、注文の違うパソコンを、注文を受けてから5日で作って届けていました。

パソコンは進化の早い商品です。それまでパソコンメーカーは、新製品を毎年発売していました。その新製品の発売のたびに旧製品の在庫が売れ残り、この処理に多額の損失が生じていました。デルモデルはこれを解決したのです。「注文を受けてから量産品を作る」。これを「ビルド・ツウ・オーダー」と言います。今では、多くのパソコンの製造ラインはこの作り方になっています。

イオン―アパレルの流行を確認して量産

アパレルのような衣料品も、色、スタイル等の流行に、当たり外れがあります。夏物の準備は前年の暮れぐらいから始まり、売り出すと僅かな期間で峠を越してしまいます。デザインや色の流行を読み間違えた企業は、大損をします。イオンは、ＣＡＤ（コンピューターを用いた、設計・デザイン）を使って、アパレル生産のデータを中国の縫製工場に送り、発売当日の当たり商品を即座に量産させ、このリスクを低減させています。リードタイムは数日と言われています。リードタイムが短くできたので、このようなことが可能となったのです。

地域色豊かなプライベートブランド創出—そごう・西武（注2）

現在、百貨店の苦戦が続いています。特に地方店の苦悩が続いています。売上げの2割を占める婦人服の落ち込みが大きいのです。このような状況の中で、そごう広島店、徳島店、西武高槻店が、婦人服のプライベートブランド商品（ＰＢ）の独自開発を始めました。

ここでは、各店は自分達で独自の自主企画を考え、自分達で圧倒的な技術力を持つ縫製職人に依頼し、ごく少量ずつ作ってもらう試みを始めました。本当に自分達の店の命を掛けた一品です。

縫製職人は、マッチングサイト、ヌッチ（注3）を通じて依頼します。このサイトには、全国1000人の職人が登録されており、国内のアパレルや海外の高級ブランドの既製服のサンプル製作を手掛けるなど、高い技術を持つ強者が揃っています。

大きい企画会社やメーカーに頼むのではなく、職人個人を選び抜いて直接頼んで作ってもらう、この方法を「クラウドソーシング」（注4）と言います。ここでは、自分達のＰＢの作成をクラウドソーシングで実施しているのです。

この発注方式では、リードタイムがきわめて短く、発注後、ただちに納品されます。店頭に商品を出して反応を見て、反応の良いものは追加発注し、反応の悪いものは、モデルそのものをただちに撤収し、次のものを出すことができます。対応の敏捷性があるのです。

日本の中堅百貨店、そごう・西武の地域店は、地域に密着したプライベートブランドの展示のリードタイムを短縮し、ビルド・ツウ・オーダー生産で生産し、競争力をつけています。

鮮魚もビルド・ツウ・オーダーで翌日配達

第4回（注5、参考文献4）のゼミに掲載した「鮮魚の直送サプライチェーン」も、前日に翌日欲しい魚を注文する方式にすると、リードタイム1日のビルド・ツウ・オーダー生産になります。ただし、ここで「生産」というのは「漁師が海から魚を捕る行為」です。

ここでは、このサプライチェーンで鮮魚の供給を受ける各店が、前日の18時までに翌日に納品してもらいたい魚種と量を発注します。この情報の集計が漁師に伝えられ、漁師は夜から朝にかけてこの魚を捕り、翌朝、港へ水揚げします。

鮮魚は、地方空港から羽田空港へ空輸され、空港の「魚の捌き場」で捌かれ、各店に18時までに配送されます。これは、リードタイム1日のビルド・ツウ・オーダー生産です。

ユニクロ―全国翌日配送（注6）

ユニクロは、「上流での商流・物流の無駄は最も少ない企業の1つ」だろうと私は思っています。ユニクロは、顧客の好みの変化を敏捷に感受して、提供する商品を適切に対応させ、しかも、標準化を徹底して、ユニクロ世界標準を確立して世界に展開してきました。世界での先導者です。

しかし、ネット通販のロジスティクスに関しては、まだまだ問題点があるようです。

２０１６年6月14日の日本経済新聞は、以下のように書いていました。

「カジュアル衣料品『ユニクロ』を運営するファーストリテイリングは、２０１６年秋をめどに、インターネット通販で受注した商品を、翌日までに配送する体制を全国で整える。物流システムを刷新して発送業務を大幅に効率化し、従来2～5日かかっていた配送期間を短縮する。消費行動の変化に対応、ネット通販の利便性を高めて、顧客の獲得につなげる。」

すなわち、ユニクロの戦略は、これまでリードタイムが最長5日かかっていたネット通販を1日にまで短縮し、これによって、消費行動の変化に対する対応の敏速性を高めるということです。

ユニクロはバングラデシュで、民族服に近代的なセンスを加味した新商品（注7、参考文献6）を開発しています。これはまさに、ローカル別（地域別）の衣料品の開発です。ユニクロは、ネット通販を通じて、世界に、世界標準品とローカル商品を広く並行販売して行く戦略でしょう。そのために通販のリードタイムを、さらに短縮していくものと思われます。

林業・木材産業のリードタイム　短縮──林業・木材産業の特殊性

ここまで来ると、林業・木材産業の特殊性がわかります。リードタイムが物凄く長いということです。苗木を植えてから成木に育てて伐採するまで、少なくとも40～50年はかかります。こんなに、リードタイムの長い産業は、他にありません。この50年をリードタイムとして考えるときは、育林は「流通加工」と見なされます。先端技術を使った新品種の開発などで、この時間を大幅に短縮する必要があります。

リードタイムの短縮　早生樹センダン（注8）

このことに関して、希望を持てる新聞記事を見つけました。収穫の早い早生樹を植える試みが広がっているのです。２０１６年5月22日の日本経済新聞に、これに関する記事が出ていました。

「成長の早い『早生樹』を里山に植える試みが広がっている。伐採まで長期間かかるスギやヒノキと異なり、投資を早く回収できる林業の登場で里山が生まれ変わる可能性がある」。

これは「センダン」と言われる木で、もともと国内では街路樹などに使われていました。昔からよく言われる諺の「センダンは双葉より芳し」のセンダンとは別の種類です。アジアなどの暖かい地域に分布する広葉樹の一種で、成長が非常に早いのが特長です。スギ、ヒノキは植えてからの収穫まで50年かかりますが、センダンなら10～20年程度で十分です。

センダンは、もともとは成長すると幹が枝分かれするので、木材利用が難しかったのです。それが熊本県で、幹をまっすぐに成長させる手法が確立されました。それで、これが日本の林業の救世主になるかもしれないと注目されています。

現在、家具や内装用の建材として活用するための、試験植樹が始められています。今、木材搬出コストのかからない平野部の耕作放棄地や、スギ・ヒノキの伐採跡地などに植林が進められています。

この早生樹の出現で、育林のリードタイムが50年から20年に変わりますと、今までとは別の収益モデルを描けるようになります。さらに、10年、５年と短縮することもあり得るとすると林業も大きく変わるでしょう。すなわち、生産システムとして収益を獲得するビジネスモデルが描ける森と、その収益事業による収益により水源やCO_2削減のようなインフラ整備のために投資する森は、はっきり区別して経営できるようになるからです。

リードタイムの短縮　遺伝子工学による新品種の創出（注9）

食品などでは、遺伝子組み換えで、多くの新商品が生まれていますが、林業では、何故、研究・開発成果が生まれないのかと思っていましたが、やはり、凄い成果が出ていました。日本経済新聞の２０１６年１月14～15日に連載された「国産材活路を拓く」という特集に、「苗木に関して成長の早い遺伝子を持つものが見つかり、これを植えることにより、苗木を植えつけてから、あとの『下刈り』を、今までの10回から２回に減らすことができた」「下刈りコストを8割削減できた」と報告しています。

このような、遺伝子レベルの研究で、さらに画期的なものが見つかれば、林業の「生産システムモデル」の特殊性は解消され、一般製造業で進められている「リードタイムの短縮」を目指す、生産管理が普通に行われる時代が来ると思います。

ジャスト・イン・タイムで緊張感ある組織に—生産性向上

ジャスト・イン・タイム生産で、リードタイム・在庫ゼロを目指すのは、単に在庫の金利を減らすだけではありません。無在庫を目指すことで、従業員の緊張感が高まり、動きが前向きになります。すなわち、効率的な生産組織ができるのです。

木材は、在庫により自然乾燥が進むので、例外的に「在庫は善」と見なされています。しかし、それがだらしなく弛緩した社風を直すのを、困難にしています。世界と闘う産業にするには、そこに着目して対策を講じていかねばなりません。

また、コストが劇的に減るのは、実際にモノを作っている人以外の人の削減です。間接人員の削減です。林業でも、これは先端管理技術による改善の余地は多そうです。

まとめ

- クロスドック型と在庫型
- 「製造工程」は「流通加工」と解釈する
- 「リードタイムの短縮がビジネスモデル変革をもたらす
- 「ビルド・ツウ・オーダー」と「クラウドソーシング」
- リードタイム40～50年、育林は「流通加工」
- 「無在庫を目指す」が組織を変える
- 林業は、日本人に勝機がある

世界中の「モノ作り」がトヨタ生産方式により、改善とコストダウンを進めている中で、林業・木材産業だけが、異質な存在です。

すなわち、現状では「育林」という物凄く時間のかかる「流通加工」があることと、材の放置が「自然乾燥」という「流通加工」であり、他産業で目の敵にしている「だらしなく放置された『不良在庫』」と区別しにくいからです。

ですが、これは世界共通なのです。これをきちんと切り分けて管理する国・産業が現われれば、圧倒的な勝者になれるでしょう。むしろ、これは真面目な日本人に勝機がありま す。林業は特殊だと言わないで、「トヨタ生産方式」にチャレンジするべきです。

(注1) 参考文献2、pp. 41~45、226~235
(注2) 参考文献3、日本経済新聞、2016年6月18日から引用
(注3) ヌッチ：ステイト・オブ・マインド（東京・渋谷）が運営する、縫製を依頼する人と縫製職人の出会い系サイト
(注4) クラウドソーシング：不特定多数の人に業務を委託すること
(注5) 参考文献4、pp. 48~56、椎野先生の「林業ロジスティクスゼミ」第4回
(注6) 参考文献5、日本経済新聞、2016年6月14日から引用
(注7) 参考文献6、日本経済新聞、2016年6月10日から引用
(注8) 参考文献7、日本経済新聞、2016年5月22日から引用
(注9) 参考文献8、pp. 46~48、椎野 潤ブログ、2016年2月2日、日本経済新聞、2016年1月14~15日から引用
(注10) 森林・林業基本計画（平成28年版）は、平成28年5月24日に閣議決定されていますが、このゼミでは、平成23年版を引用しています

参考文献

（１）森林・林業基本計画、林野庁、平成23年7月
（２）吉岡洋一、早稲田大学ネオロジスティクス共同研究会、明治大学リバティーアカデミー、（椎野　潤共著）：先進型サプライチェーン・ロジスティクス・マネジメント、ふくろう出版、２０１３年12月25日
（３）椎野　潤ブログ、プライベートブランド　地域色豊かに　そごう・西武、２０１６年７月１日
（４）現代林業、２０１６年８月号、全国林業改良普及協会、平成28年8月1日
（５）椎野　潤ブログ、ネット通販対実店舗との闘い　新たな局面に　ユニクロ全国翌日配達、２０１６年６月30日
（６）椎野　潤ブログ、ユニクロ　バングラディッシュで新モデル、２０１６年6月21日
（７）椎野　潤ブログ、「早生樹」里山を変える　成長早く　林業に好循環、２０１６年5月29日
（８）椎野ロジスティクス研究所編：ブログ「先導者たち」を読む～未来を見つめ、社会・産業・企業・技術の進化を眺める、２０１６年1～2月号、メディアポート、２０１６年3月15日

第6回

「サービス製造業」への進化
日立製作所の挑戦

驚くべき新技術　ＩｏＴモノのインターネット

次世代製造業「サービス製造業」の登場

第5回目は世界の製造業を、大改革してきた「トヨタ生産方式」を取り上げ、これが、次世代林業に活用できないかを考えました。しかし、その製造業が、次世代では全く発想の異なるものになって行きそうなのです。今日はこれをお話しすることにしましょう。

ただし、これで「トヨタ生産方式」が古くなって駄目になるわけではないのです。「トヨタ生産方式」では、工場内の「生産」の改革に主に視点が当たっていましたが、今回お話しする次世代製造業「サービス製造業」（注１）では、製造企業の「事業収益の目指すところの変化」に注目しているのです。すなわち、次世代製造業では、単に「物」を作って「売る」ことにより利益を得るのではなく、「利益を生む」「経営」を教える事業なのです。

先頭をきる米GE、追う日立・トヨタ

今、先頭を切っているのは米国の「ゼネラルエレクトリック（ＧＥ）」（注２）で、日本企業では日立製作所とトヨタ自動車が追跡しています。このような経営は、「物」を「販売」する経営ではなく、むしろ米ＩＢＭやアクセンチュアー（注３）が行ってきた「コンサルタント」による成功報酬事業そのものです。

日立が売ってきた様々な機器について言えば、機器そのものの性能以上に、これを買ってもらった企業の目的に合わせたソフト（アプリケーション）作りと、それを巧みに使った活動（経営改革）の方がより重要なのです。

すなわち、お客の狙っているものごとに使える機器を作って提供して、作動させる指導をして、事業収益を上げさせる。そして、収益が上がったら、その分け前をもらうという考え方で

す。

GEの利益率は、今、凄く高いのですが、それは機器の販売利益よりも、顧客の利益を増大させて得た成功報酬の方が大きいのです。日立製作所は、2016年6月22日に開催された株主総会（注8、参考文献1）で、2019年3月期の目標として、純利益4000億円を掲げました。売上高は横這いで、純利益は倍増です。日立製作所の東原敏昭社長は、この総会で日立の未来に強い自信を示されました。

この日立が追跡の目標にしているのは、米国の巨大企業GEです。この回では、このGEと日本で最も頑張っている日立製作所についてお話ししましょう。

米国のゼネラルエレクトリックは、皆さんもよく知っておられる発明王、エジソンが創立した会社です。トーマス・エジソンが、初めて電球に灯を灯したのは、今から137年前の1879年のことです。

この古い会社が、製造業の激しい進化と変化の中で生き残って来たのに驚きを感じます。でも、生き残ると言うよりは、それぞれの時代の変革を牽引し続けているのです。このGEが、今、驚くべき高収益を上げています。これは、GEが指導し改革を手伝った企業の多くが、改革に成功して収益を拡大したということなのです。

注目の新技術、IoTモノのインターネット（Internet of Things）

その中心となる技術が、今、最も注目されているIoT（モノのインターネット〈Internet of Things〉）（注4）です。IoTは、「あらゆる『モノ』がインターネットに接続され、情報交換により、相互に制御し合う仕組み」のことですが、ここで「モノ」というのは、単なる「物」ではないのです。「データ（情報）」はもとより、「知識」も「技術」も「サービス」も「人」も「人の心」までも、文字通り、「あらゆる『モノ』」を含むのです。

もちろん、最初から「あらゆるモノ」だったわけではありません。最初は、センサー（注5）がついた「機械」と「機械」の交信でした。工場の中の機械間の交信から始まり、それが、工場相互の交信となり、ドイツで「第4次産業革命」（注6）と呼ばれている産業の革命になりました。さらに、それが、あらゆるものに広がって行ったのです。

そして、きわめて雑多で膨大な情報を解析できるコンピューターと人工知能（AI）の発展がこれに伴いました。これが物作りだけでなく、商業も人々の意識までも激変させるものになりつつあるのです。

ＧＥのフレディックスの展開

ＧＥは、製造業の機器から発生する様々なデータを集めて、ＩｏＴでつなぎ分析するフレディックス（注7）というソフトを開発しました。一口に製造業と言っても、自動車、家電、ロボット、カメラ、住設機器、食品と、きわめて多様です。従って、それぞれの分野ごとに取れる情報は異なります。それを混ぜて解析するだけで既に凄いのです。

しかし、ＧＥは、近年、アマゾンやオラクル、マイクロソフトとも提携しました。ここで、「あらゆる『モノ』」の「モノ」は、工場内の「モノ」だけではなくなりました。「商業」や「人々の気持ち」まで、含まれてきています。

日立製作所の挑戦、ＩｏＴ研究開発拠点設置

日立製作所は、このＧＥをライバルとみなし、今、猛追しています。２０１６年6月の株主

総会も、ＩｏＴ一色になりました（注8、参考文献1）。

皆さんの中にも、テレビに凄い巨木が映り、その下におびただしい多産業の子会社の名前が並び、「この木なんの木気になる木」というコマーシャルソングが流れていた、日立製作所の広告を憶えている方も多いでしょう。日本の大企業の中で、あれ程の多産業を自らの子会社にし、顧客に認知させようとしてきた会社は他にありません。

日本に多い「下請け任せ」にしなかったのです。あの多数の会社が、ＩｏＴで結ばれるのです。これが結ばれただけでも、凄い会社になると思えるでしょう。日立製作所の東原敏昭社長は、これをやろうとしています。

しかし、ＩｏＴで成果を上げるには、解析力が必要です。そのために人工知能（ＡＩ）（注9）に力を入れました。日立は、このＩｏＴの研究開発の拠点を２０１６年4月に開設しました。場所は、米国のカルフォルニア州のサンタクララ市（注10）です。ここは皆が知っている「シリコンバレー」です。

この研究所は、設置場所が重要なのです。その地で普通に話されている言葉が、ＩｏＴのデータとして重要だからです。また、世界中のＡＩ研究を目指す若者が、シリコンバレーを目指して集まってきます。有能な人材を集めやすいでしょう。２０１６年中に、技術者を積極的に採用して、２００人体制にすると発表しています（注11、参考文献２）。

社内の体制も一新しました。これまで「作る商品別」だった組織を「顧客別」にしました。ここで重要なのは「顧客の産業物」ではないのです。何故かと言えば、顧客は、今、急速に多産業横断になっているからです。ですから、日立の社内も「他産業横断だらけ」のはずなのです。すなわち、顧客をＩｏＴで統合された多産業横断企業に変えて行くことは、社内をＩｏＴ横断企業にしていく道と合致するということになります。

また、ＩｏＴによって営業ができる営業マンを、今回、米国を中心に2万人増強します。今、世界にいる営業マン13万人を15万人にします。さらに、２０１７年上期までに、国内で2万人を再教育して、ＩｏＴコンサルタントの営業手法を徹底的にたたき込むようです。企業の改革とは、このように本気でやらねばならないのです（注12、参考文献３）。

日立は、英国の鉄道事業で、既に、車両の輸出金額をはるかに越える金額で、数十年先までの鉄道事業の運営管理保証を請負っています。この契約期間中におけるＩｏＴの進展も織り込み済みでしょう。

日立は、米国での電力供給最適化事業を請負い、米国の次世代電力網事業の中核を担っています。

欧米諸国では、「電力供給に競争力を生み出すべき」という視点から、発電事業と送電事業を分離しています。米国も電力の発送電分離を行っており、この両者の調整はエネルギー当局が実施しています。しかし、この調整がうまく行かず停電が起きたり、コストが高くなったりしている地域があります。

このため、空港や病院、企業が限られた地域で、太陽光などの再生可能エネルギーを利用して発電、配電する「小規模電力網（マイクログリッド）」（注13）を構築しようとする動きが広がっています。

このような状況下で日立は、国内電力網向け制御システムの構築で培った、信頼性の高い制御技術と最新のＩＴを組み合わせて、世界最高水準の効率を持つ小規模電力網を構築しようとしています。

オフィスビルやマンションの電力使用や工場の稼動の状況、天候などのビッグデータ（注14）から、ＡＩを使って需要の正確な見通しを予測します。そして、これによって再生可能エネルギーの稼動効率を大幅に向上させ、地域の電力コストの引き下げを目指します。

日立製作所は、実際に、ニューヨーク州が計画している新世代の小規模電力網構築の実証実験に参加しています。これは空港などの安定稼動や地域の電力コストの削減を目指すプロジェクトで、２０１６年に発電設備、送配電機器、需要先に取り付けるセンサー、ＩＴ機器を組み合わせた具体的な電力網の設計をします。そして、２０１７年の構築につなげる計画です。日立は、その準備としてニューヨークに専門拠点を設けました。電力の技術者ばかりでなく、ビッグデータやＡＩ解析などを専門にする最先端ＩＴ技術者、設備投資に詳しい金融の専門家など、約20人を、２０１６年末までにそろえる計画です。

米国では、次世代電力網（スマートグリッド）に関して、ワシントン州やハワイ州などで、実証試験が始まっています。日立は、これに参加しており、このシステムの受注を目指しています（注15、参考文献４）。

日本でもこの動きが具体化しました。２０１６年7月14日の日本経済新聞（注16、参考文献5）が、関西電力、日立製作所、三菱商事が組んで、電力需給を一括制御する電力供給システムを構築するための実証実験を行うと報道していました。ここでは、太陽光など再生可能エネルギーが効率的に利用しやすくなります。これは２０２０年の実用化を目指しています。

今回、実証実験するシステムでは、発電施設と蓄電設備、電力を消費する工場やオフィスなどの電気設備を一括で制御します。再生可能エネルギーによる余剰電力が生じた場合には、蓄電設備に蓄えておきます。一方、電力不足が想定された場合には、蓄電池に蓄えておいた電力を放出して不足分を補います。そして、オフィスの冷房温度を上げるなどして需要を抑制します。

これが普及すれば電気の需給を調整できるため、再生可能エネルギーを導入しやすくなります。電力の需要者にとっても、蓄電池の活用などで電気料金を削減できるでしょう。

このプロジェクトでは、兵庫県淡路島と堺市にある関西電力の太陽光や風力発電などを電源とし、関西各地の工場とオフィスに効率的に電気を供給する計画です。日立製作所は、電力需給調整システムの開発のほか、冷暖房機器の供給も担います。

三菱商事は、蓄電池などを提供します。また、米国のエネルギー会社など計10社程度が参加する見通しです。出力ベースに換算すると５万kW以上になり、小型の火力発電所に匹敵する規模となる見込みです（注16、参考文献５）。

日立製作所・京都大学ラボ

日立製作所は、さらに先を見据えた研究体制も構築しています。京都大学と魚の群れの行動など、生物学の知見を導入した次世代人工知能（ＡＩ）を研究する共同ラボも開設しています。「日立製作所・京都大学ラボ」には、日立の研究者８人が常駐します。なお、今回は、京都大学に加え、東京大学、北海道大学とも共同ラボを設置して、将来の社会課題の解決に向けた研究開発を進める計画です（注17、参考文献６）。

日立製作所・三菱電機・インテルの製造業ＩｏＴ

日立製作所は、ＩｏＴの原点である製造業向けのシステムでも、あらゆるモノがネットでつながる「ＩｏＴ」システムを開発します。このグループでは、日立製作所はデータ分析や機器同士の接続などを担当し、工場の機械に取り付けるセンサーや制御機器は三菱電機が提供します。両社は、工場の設計から、販売に到るまでの工程をＩＴ（情報）でつなぎます。すなわち、ＩｏＴで合理的に連携した新生産システムの計画・設置・販売を行います（注18、参考文献６）。

ＩｏＴで楽しみになる林業

日立製作所の発想と積極性は、凄いものがあります。日立製作所が「サービス製造業」として「製造」しようとしているものは、「未来の社会」にまで及んでいます。

そして、日立がライバルとして目標にしているＧＥはさらに凄いでしょう。ＧＥに林業のことを訊ねたら、「林業はどこを見ても特殊でない」と言うでしょう。ＧＥは、それほど既存の概念にとらわれず、業種の枠を越えて産業・社会を変えて行こうという意欲に満ちています。ですから、１３７年もの間、世界の産業の改革を牽引できたのでしょう。世界には、それほど懐の広い企業が存在するのです。

私は、ＧＥの「フレディックス」ソフトで、林業を対象にしたらどうなるだろうかと考えました。ここで、私は、「あらゆる『モノ』」の「モノ」として、とりあえず「人」を選んだらどうだろうと思いました。「人」は、センサーや発信機を着けなくても、受発信能力があります。

ただ、機械のように、「ありのまま」の情報を発信しません。様子を見て立場を考えます。これが「透明情報」の交流を阻害します。人々に、「透明情報」を発信し、ＡＩに解析を素直に委ねられるようにするソフト（アプリ）を提供する必要があります。「フレディックス」で「モノ」として「人」を選んだ場合、どのようなソフト（アプリ）が与えられるのか、凄く興味があります。

この「林業ロジスティクスゼミ」の愛読者から、「ここで書いているようなことを、実践している人がいます。見学に行きませんか」と誘われました。行きたいと楽しみにしています。その人は、小さい林家、素材生産者をまとめ、無駄なく見事な管理をしているそうです。

その人がIoTシステムを使ったら、どこが違うのか、多分、以下の2点でしょう。

1．1人1人の人間の思考を超えた（AIが考えた）、凄い発想の対策が出る。

2．1人1人の人間の管理限界を超えた（AIの記憶容量と計算能力の巨大さから）、超広範囲・超多数の統合計画と管理が実施できる。

林業にも楽しみな時代が来るなと思いました。

本書は、これまで、先進製造業に学びたいと思って書いてきましたが、先覚者GEの目で見ると、林業にもはるかに収益の上がる別の道が見えるのでしょう。今後の、その探検が楽しみです。

まとめ

- 「売上げ横這いでも純利益倍増」の秘密
- 「モノ＋経営手法」を売るサービス製造業
- 「モノが相互に制御し合う」を実現するIoT
- 商品別体制から顧客別体制への転換
- IoT コンサルタントの営業手法
- ビッグデータのAI解析が可能にする正確な需要予測

※第6回は、私の（2016年5～7月の）ブログを引用して書きました。この文にご興味をお持ちの方は、ブログをお読みになることをおすすめいたします。検索は、グーグルで「椎野潤・ブログ」が簡単です。

（注１）サービス製造業：客に欲しい機器を提供し指導をし、事業収益を上げさせ、成功報酬を得る産業

（注２）ゼネラルエレクトリック（ＧＥ）：１８７９年、１３７年前に電球を発明した発明王、トーマス・エジソンが起こした企業。工業製品を製造する製造業を、後世に遺してきた企業

（注３）アクセンチュアー：世界最大のコンサルタントファーム。多彩な分野に展開

（注4）ＩｏＴ：モノのインターネット（Internet of Things）。あらゆる「モノ」がインターネットで接続され、情報交換により相互に制御する仕組み
（注5）センサー：温度・圧力・流量・光・磁気などの物理量や、その変化を検出する装置
（注6）第４次産業革命：ドイツ政府推進の製造業高度化プロジェクト。多数工場の機器がインターネットでつながり、工場同士も連携して動くことにより、産業全体が最適化される
（注7）フレディックス：ＧＥのＩｏＴサイト
（注8）参考文献1、日本経済新聞、２０１６年6月23日から引用
（注9）人工知能（ＡＩ）：人工的にコンピューター上で、人間と同様の知能を実現させようとする試み
（注10）サンタクララ市：米カルフォルニア州サンタクララ郡にある都市。シリコンバレーに位置し、世界中のハイテク企業が集中している
（注11）参考文献2、日本経済新聞、２０１６年4月15日から引用
（注12）参考文献3、日本経済新聞、２０１６年5月9日から引用
（注13）小規模電力網（マイクログリット）：限られた範囲のエネルギー供給源からの消費を、通信網で管理する電力網
（注14）ビックデータ：従来のデータ処理では、処理することが困難なほど、巨大で複雑なデータの集合

（注15）参考文献4、日本経済新聞、2016年6月1日から引用
（注16）参考文献5、日本経済新聞、2016年7月14日から引用
（注17）参考文献6、日本経済新聞、2016年6月24日から引用
（注18）参考文献6、日本経済新聞、2016年7月1日から引用

参考文献

（1）椎野　潤ブログ、日立、純利益倍増の中期経営計画　鍵にぎる「IoTによるつながる戦略」、2016年7月10日
（2）椎野　潤ブログ、日立、米国にIoT開発拠点、2016年5月1日
（3）椎野　潤ブログ、日立製作所　サービス製造業をめざす　ビックデータ解析コンサルタントサービス、2016年5月24日
（4）椎野　潤ブログ、日立、米で次世代電力網AIを使い発送電調整、2016年6月14日
（5）椎野　潤ブログ、再生エネルギー需給一括制御。日本でも関電、日立、三菱商事で実施、2016年7月31日
（6）椎野　潤ブログ、日立製作所、IoTで様々な分野とつながる、2016年7月16日

第7回
サプライチェーン・マネジメントの構築
情報透明化が原点

私の産業改革　建設業から始まった

私の社会人としての出発は建設業からでした。ですから若い頃、建築生産の改革を量産で進んでいた工業生産に学びたいと考えていました。それで「建築生産工業化」を研究し、工学博士の学位（参考文献1）を取りました。しかし、その頃、学ぶべきものが劇的に変わっていったのです。

私が学位を取った1980年から、大学に奉職してMBAの教員になった1998年にかけての18年間に、製造業の姿は大きく変わりました。すなわち、学ぶべき対象は、「物を作る、工場の生産技術」から、もっと広い視点で見た「産業全体の進化」になっていったのです。

私は、60歳代になって早稲田大学に奉職し、経営大学院の教員になりましたが、その初期に「透明情報流通の重要性」を痛感しました。この頃、私は建設業で使われていた「建設資材」や「建設機器」の生産・流通の構造に強い関心を持っていました。

そして、あるところでの偶然の発見に、強い衝撃を受けたのを今も鮮明に憶えています。それはロジスティクスの産学共同研究で、ある大手建設会社の工事現場の材料置き場に行った時、ふと、目に留まった目立たない電機設備の部品から始まりました。

東京の建設現場に運び込まれていた段ボール箱に書かれていたメーカー名は、プロジェクトで調査中の建設会社が発注した設備会社の名前とは、明らかに違っていました。そして、その機械を箱から出してみますと、多くの部品で構成されていることがわかりました。

各部品の製作メーカー名はそれぞれ異なり、作られた場所は遠く離れています。この機械が旅してきたロジスティクスの長い旅路を考えると、何か不思議な気がしたのです。自分の知らない世界があると思いました。

そこで、この機械の基幹部品が作られたと思われる九州へ、思い切って行ってみたのです。

その会社の工場長は、ロジスティクスへの関心だけで、わざわざ東京から訪ねてきた私に凄く驚いたようでしたが、親切に案内してくれて、説明もしてくれました。そして、この部品はこのあと長野に送ることになること、さらに、栃木へ行き神奈川へ行き、順次、組み立てられて行き完成品になるのだということがわかりました。

ここで、親しくなった工場長に、工場での製造原価を聞いてみたのです。工場長は、正直に話してくれました。しかし、その金額は、想像を絶する程、安かったのです。私は「こんなことか。誰か、儲けている者がいるな」と思いました。そして、各段階を調べてみる気になったのです。しかし、話を聞いた範囲では、儲けている人はわかりませんでした。どの段階も、皆、赤字だと言っていたのです。でも、考えてみれば、商取引きで「黒字」という人はいないのです。すぐ値切られるからです。結局ここは、不透明な「駆け引き情報」の固まりでした。

そして、この金額を全て足しても、総額には、遠く及ばなかったのです。儲けているのは、ここにはいない人でした。商流の中間を支配する黒い霧でした。私が、後に力を入れたのは、商流の中間にいる「黒い霧―無くても良い存在なのに儲けている人」の排除だったのです。

しかし、この調査で得るものもありました。誰もが皆、赤字でしたから、「どうすれば、儲かるようになるのですか」と聞いてみたのです。すると「透明な情報を明示してくれて、それを守ってくれれば儲かります」と、皆が口々に言っていたのです。これが儲かる体制にするには、「透明情報」が重要だと認知した瞬間でした。

顧客の駆け引き情報が、生産改善を阻害する

調べて行くうちに、情報不透明の被害は、「注文受けから製品を作る」「注文生産品」ほど深刻だということがわかりました。私が見学させていただいたシャッター工場では、現場の納品指示日の３日前から生産を開始していました。納入の前日までに、きちんと製造し、検査し、出荷準備しています。この工場は、第5回でお話しした「クリナップ流し台」と同様に、ジャスト・イン・タイムのトヨタ生産方式で、合理的な生産をしていました。

ここで、工場長から意外な話を聞きました。「納入直前になって、納入日の延期を言われることが多いのです」と言うのです。そして工場長から、現場から納品日延期を言われた製品の在庫の山が入った倉庫を見せてもらいました。

「これがこの状態だと、従業員のモチベーションが下がるのです。工程間の細かい在庫や部品納入先の工場の在庫を苦心して減らしても、こんなことでは、その維持が難しいのです」と

工場長は嘆いていました。

私は、遠い昔、現場にいた頃、私自身が、現場は降雨などのリスクがあるため、業者に、早めの納期を言い、直前になって納期延期の連絡をしていた、若い頃の自分に気がつきました。

その頃、納入が予定より早まる時は、「すみません。早くなりました」とあやまりました。しかし、納入日を先に延ばして、納期に余裕を作るのは、悪いこととは思っていなかったのです。当時、資材の納入業者の中には、納品遅れの常習者も後を絶たなかったため、余裕を持った納入指示をしていたのです。それが、自分の購入しているもののコストを上げていることには、全く気がつきませんでした。

結局、発注者の発信する情報が不透明なのです。正確な情報を明確に伝達し、これを絶対に守るということに欠けているのです。私は、このような一連のことから、建設のコスト低減のチャンスは、建設現場の仮囲い（注1）の中ではなく、仮囲いの外（発注している先）にあると痛感したのです。そして、原材料から部品・部材の生産を経て建設現場に到るサプライチェーンの合理化が、改革の鍵であると確信しました。

建設業のサプライチェーン・マネジメントの研究

長い配送の間で、「物」は何度も積み替えられ運ばれますから、ロジスティクスの改革が重要と考え、その改革を目指しました。しかし、最初にロジスティクスの研究チームとして集まってもらった運送業の人達では、解決できないことが多いのがわかったのです。

運搬拠点間の距離を短縮するとか、生産拠点配置を見直しするとか、多段階配送を減らす生産拠点の統合とか、これらが一層重要でした。資材・機械を調達している建設会社にとっては、「調達の改革」が鍵ということになったのです。

そして、この合理化には、企業間を結ぶ、コンピューターネットワークが重要だということもわかりました。そこで、私は、大手ゼネコン5社を含む10社で、早稲田大学に、建設ＥＤＩ協同研究会（注2）を組織し、改革を進めることにしたのです。

このＥＤＩ（注3）は、最初は物流ＥＤＩ（物流に関する企業間の情報交換システム）が中心でした。しかし、次第に物流・調達ＥＤＩに進んで行ったのです。物流より、商流、商いの構造改革が重要になって行ったのです。今の言葉で言えば、サプライチェーン・マネジメントのためのコンピュータープラットフォームのアプリケーション構築と運用です。

「人」のサプライチェーン・マネジメント

ところで、この頃、重要なことに気がつきました。建設業では、物を作る職人は、ゼネコンの直接雇用ではなく、下請け企業が雇用しています。また、それが多重構造をなしています。しかも、多くの例では、末端は個人事業主です。

このような人を工事の進捗に沿って集めるのは、資材の発注と同じではないかと気がついたのです。そうなるとこの合理化も重要です。この合理化は、大きなコストダウンにつながります。流れる「モノ」が、「物」ではなく、「人」のサプライチェーン構築と運用が必要なのです。

次の節で、お話しする「建築市場」の改革の実現で、大きなコスト低減ができたのは、「物」以上に「人」のサプライチェーンの改革が大きかったのです。ここが、建設業のサプライチェーン・マネジメントの特徴でした。自動車やテレビの生産と違うところです。林業も、多分、建設業に近いでしょう。

偉大なサプライチェーンモデルの発見　建築市場

ところで、経営大学院ＭＢＡ在職中に、凄い活動を実施しているグループを発見しました。本州の最南端、鹿児島で、建築生産の大改革を試みていた「鹿児島建築市場」（注4、参考文献2・3・4）です。ここでは、私が理想としていたサプライチェーンを、既に小規模ながら実施していました。この頃、このような発想を持ち、建築生産の大改革に挑んでいたこの活動の創始者、高橋寿美夫さんは偉大です。私は、早稲田大学に建築市場研究会（注5）を設置し、共同研究を行いました。

ここで描かれていたモデルでは、日本の住宅生産の中で、多数を占める戸建て住宅を作ることの大改革を目指していました。資材は、サプライチェーンの上流のメーカーから、下流の住宅建設まで、見事につながっており、途中の無駄は、最小限になっていました。

作業者も、完全安定作業が保障されていました。ここにあるのは、安定雇用ではなく、安定作業なのです。ここが先進的なのです。木造住宅作りでは、造作大工が中心です。この大工さんだけ、1~2カ月は、建設する現場に常駐して仕事をします。

他の職種は、作業日数が短いのです。この大工さんは、自分の仕事をしながら、他の職種の管理もしています。大きいゼネコンのような、現場に常駐する現場監督はいません。ですから、管理がずさんになりやすいのですが、この「建築市場」では、見事に管理されていました。だれも命令する人がいないのに、良い管理状態になっていたのです。

透明情報の開示で3倍働ける

私は、鹿児島で開かれた早稲田大学建築市場研究会鹿児島大会で、夜、職人さん達とビールを飲んで話しました。私が、「建築市場に参加してみて、いかがですか」と聞きますと「仕事が3倍できます」と言っていました。これは、まさに「人」のサプライチェーン・マネジメントの成立で、「人」の商流の多重構造が破壊され、透明情報が流通して、無駄が消滅した効果なのです。

左官（注6）、塗装工（注7）、クロス貼り工（注8）、タイル貼り工（注9）、畳職（注10）、瓦職（注11）、外壁工（注12）、鳶職（注13）、基礎屋（注14）、電気工（注15）、設備工（注16）、外構工事屋（注17）等は、現場に入っても、一度の現場入りでは2～3日で仕事が終わるのが通例です。

このような職種の人は、１週間、毎日空けずに仕事をするのが難しいのです。自分が何日にこの現場に入れるのか、見通しが立ちません。正確な日は、直前にならないとわからないのです。入る予定の時期が近づくと、必ず下見に行きます。それも、１日では用が足らず出直しもしばしばです。仕事に入っても２～３日で終わるのに、様子見に何日も行くはめになるのです。

戸建て住宅のこのような職種の人は「忙しくて、今は手一杯だ」と言っている時でも、「１週間に、３～４日働ければ良い方だ」と言われます。それが、「建築市場」の職人さん達は、雨の降らない日は、１日残らず仕事ができたのです。それは、正確で、透明な情報が伝達され、確実に実施されたからです。

その鍵は、コンピューターネットワークでした。この職人さん達は、全員、コンピューターに習熟しており、毎日、建築市場集団の情報センターをなす「ＣＡＤ積算センター」（注18）の管理ページに、自己のその日の仕事（どこの現場で、どんな仕事をしたか）を確実に書き込みます。そうすると、他の職種の人は、この管理ページを見ていれば、自分がいつ行けば仕事になるか明確にわかるのです。その日に確実に行って、確実に終わらせて、インターネットのページにこれを記入します。これは監督のような命令者がおらず、計画の変更指示がないところが良いのです。

ただし、工事が始まる前に、工程（日程）はきちんと決めておかねばなりません。これは、コンピューターアプリで標準工程が決まるようになっていて、皆、その通りやります。最初にこの工程の合意の会議をします。

さらに重要なのは、工程より早くは絶対に始めないのです。建設工事は雨の日は仕事ができませんから、月に7日、雨のための予備日をとってあります。雨の降る日が少ないと、工事は予定より早く進みますが、ここでは決して早くは着手しないのです。時間表より早くバスが行くと、時間表通りにバス停に来た人が乗り遅れます。これと同じことが起きてしまうからです。

このように、計画より早くは絶対着手しない生産管理は、オートメーション量産工場などで実施している「フィードフォワードモード生産管理」（注19、参考文献4）です。この生産管理の実施は、現在「サプライチェーン・マネジメントによる管理レベルの向上」と言われているものの重要な一部です。

フィードフォワードモード　生産管理　無在庫生産

このように管理すると、多くの利点が生まれます。資材の納品日は、最初に指示した納品日通りに、納品してもらえば良いのです。納品の直前に納品して良いか悪いか確認する必要はありません。こうなれば、資材生産のサプライチェーン・マネジメントは、最下流まで、無在庫で流れるのです。

本書の第5回でお話しした、「クリナップの流し台」のトヨタ生産方式は、最上流から最下流まで無在庫で流れていました。ここで示したような管理をしている工事については、1カ月も前から生産日を固定できます。

このような工事が増えれば、「クリナップ」のような生産ラインの生産管理は、きわめて容易になります。このような商品が多くなれば、メーカーの製造ラインは画期的な合理化が容易になるのです。

建築市場についても、先見性のあるメーカーはこの試みの将来性に多大な期待を持っていました。それで、全面的な協力をしてくれたのです。ですから「建築市場集団」では、この頃には考えられなかった「メーカー直通（メーカーから、問屋、建材店を通さず直通）」が実現したのです。

すなわち、商流も物流もメーカーと工事現場が直通でした。ただし、物流は、メーカーの車が直接、工事現場に届けると、現場に管理者がいませんから迷惑をかける恐れがあります。そこで「建築市場集団」は、集団独自の物流センターを設けました。メーカーは、現場への配送の約束日の前日にこの物流センターに届けていました。これを「建築市場集団」専用の配送車が、翌日、ミルクラン(注20)で各現場に届けていました。

そして、職人が決められた日に現場に行きますと、丁度その日に資材が来ることになります。ここに、ジャスト・イン・タイム生産が成立します。

コスト20%低減　3倍働けて年収倍増

商流の方は、メーカーと建築市場本部との間で、包括的な契約をし、各工務店と建設工事別の個別契約を直接結んでいました。途中には、一次問屋も、二次問屋も、建材店もいません。当然、資材は安く買えました。それまでの工務店の購入コストから、20%近く安く買えました。

職人は、3倍仕事ができたわけですから、3倍の収入が得られるはずですが、それを1・5倍で我慢してもらいました。残りの1・5倍分は、コストダウンということで顧客に還元したのです。それまで坪当たり45万円かかっていた住宅を、35万円で顧客に提供できるようになったのです。

職人達は、予定通り仕事ができるようになりましたから、手帳を持つようになりました。手帳に行く現場の予定日を書き、空欄の日は建築市場以外の現場に行き、空白をうめました。1週間の半分の予定が確定していれば、あとは、いくらでも約束できます。これで、職人さん達の年収は、2倍以上になりました。3倍仕事ができて年収が倍です。

3倍働けたのは、働きたくても働けない日がなくなったからです。忙しくなりましたが、生き甲斐は大きくなったと言っていました。これは、これからの働き方を考える上でとても参考になります。

複雑系の自己組織化が出現

この建築市場の工事現場では、管理者がいないのに、管理体制が自律的に成立していました。これは複雑系の自己組織化の実例として、当時（2005年頃）、注目されました。日本建築学会の複雑系小委員会（当時、筆者が幹事）でも注目されました（参考文献4、pp.204参照）。

情報完全透明システムのモデル実現　コストは自然に減少

また、この建築市場システムでは、設計のＣＡＤデータを用いた自動積算と自動加工（当時、ＣＡＤ／ＣＡＭと言っていました）も、注目されていました。戸建て住宅の設計には、当時（２００１年頃）既に３次元ＣＡＤが実用化されており、設計図を描くと全ての資材数量が自動積算できていました。これにメーカーと年間契約で決めた単価を掛け、自動発注することができました。顧客の前で、住宅平面が確定すると、顧客の面前で、詳細な精算見積りがすぐ自動で作成され提出できます。これで了解をもらえば、その場でメーカーに自動発注ができました。工事工程表も自動作成ができ、それでＯＫであれば、資材の納品日もそこで確定でき、メーカーに納品日を指示できました。

まさに、正確な透明情報の生成と伝達です。メーカーには、その日に、その場所に、その資材を、その数量分納品してもらえば良いのです。これなら、メーカーは安く売っても採算が合うのです。生産性が画期的に上がるからです。

一方、これによって工務店は20％も安く資材を買えるのです。透明情報の伝達は、それほどコスト低減効果があるのです。

木造住宅作りのサプライチェーンは、山に木の苗を植えて育てる「育林」。この木を伐採して、丸太として林道端に出す「素材生産」。これを、住宅の柱・梁等の角材に製材する「製材」。この柱・梁の仕口（つなぎ目）を加工する「プレカット」（注21）。これ等の材を組み立てて家を作る「住宅建設」が連なる長いチェーンです。

私は、この長いチェーンを、最下流から遡るサプライチェーン・マネジメントの実モデルの作成と運用への挑戦としていました。木材以外の建設資材（サッシ、建具、内装材、内装クロス、階段、床タイル、金物、照明器具、バスユニット、キッチンユニット、給排水設備、空調設備、ガス、水道、電気、外構等）については、サプライチェーンをメーカーまで遡って、商流と物流の改革を実施しました。

また、「モノ」のうち「人」についても、職人をダイレクトに、発注者工務店につなぐ、商流を実現しました。そしてこれを合理的に計画し管理するコンピューターネットワークのアプリケーションを構築し運営しました。

さらに、3次元CADデータを使った、当時、CAD／CAMと呼んでいたもう1つの大きな課題、設計のCADデータによる自動加工についても、CADデータをプレカット工場の自動加工機の機械作動データに自動変換して、木材の自動加工を全面的に行っていました。でも、最下流から遡って行きましたから、最上流の森までは、到達できなかったのです。

しかし、その挑戦のための実証実験は実施しました。顧客の前で住宅の設計図を3次元CADで描いて、その場で木材データに変換し、このデータを山主のところへ電送し、この顧客の建てる家の柱と梁をとるスギを伐ってもらい、これを製材工場へ運んで製材・乾燥をしてもらい、プレカット工場へ送ってもらう。当時、世界の先進製造業で、ようやく、始まっていた「ビルド・ツウ・オーダー生産」の林業・建設業版の実験です。これについては、次回第9回にお話しします。

このゼミは「『透明情報の公開の重要性』と『効果』を、読者に、よくわかるように示して欲しい」という、編集部の要望に応えて書いたものです。それで、15年前に透明情報の流通の極致を目指して実施した「建築市場」を例にとってお話ししてみました。これを読んで、透明情報の流通の重要性と効用をご理解いただけたでしょうか。

現在、これを究極の姿で実施しているのは、アマゾンのネット通販です。多分、これは遠からず世界を制覇していくでしょう。私が、アマゾンのネット通販がサプライチェーン・マネジメントの理想システムだと言っている意味が、ご理解いただけたでしょうか。

まとめ

- 「駆け引き情報」がもたらす無駄なコスト
- 「人」のサプライチェーン・マネジメントとは
- 完全安定作業の保障が実現できた理由
- フィードフォワードモード生産管理と無在庫管理
- 複雑系の自己組織化
- 透明情報伝達のコスト低減効果
- 林業版「ビルド・ツウ・オーダー生産」

この「建築市場」の前例は、今の時代には合わないところも多くなっていますが、参考になる宝は満載です。ご研究いただき、ご活用いただけますと幸いです。

（注1）仮囲い：建設工事現場を囲んでいる囲い

（注2）早稲田大学　建設ＥＤＩ協同研究会：早稲田大学アジア太平洋研究センターに設置されていた産学共同研究会。大手ゼネコンが参加。建設業の改革の研究。１９９９年４月～２００５年3月。参考文献（２）参照

（注3）ＥＤＩ（Electronic Data Interchange）：複数企業間のコンピューター通信で、情報を交換

すること。参考文献（2）、pp.184

（注4）鹿児島建築市場：インターネットとイントラネットで結ばれた150社の住宅建設企業の集団。IT時代の新しいビジネスモデルを形成

（注5）早稲田大学　建築市場研究会：早稲田大学アジア太平洋研究センターに設置されていた産学共同研究会。鹿児島モデルを研究する全国の中小の住宅建設企業が参集。2001年4月～2005年3月。参考文献2・3・4参照

（注6）左官：モルタル、漆喰などで壁等の塗り仕上げをする職人

（注7）塗装工：ペンキ塗り職人

（注8）クロス貼り工：壁のクロス、レザーなどを貼る職人

（注9）タイル貼り工：床のPタイル貼り、浴室等の陶器・磁器タイル貼り職人

（注10）畳職：畳の製作・敷き込みをする職人

（注11）瓦職：屋根瓦を葺く職人

（注12）外壁工：外壁板を貼る職人

（注13）鳶職：足場などを掛ける職人

（注14）基礎屋：木造住宅の基礎工事を行う職人。型枠・鉄筋・コンクリートの施工を行う

（注15）電気工：電気工事を行う職人
（注16）設備工：給水工事・排水工事を行う職人
（注17）外構工事屋：屋外工事を行う職人
（注18）CAD積算センター：3次元CADを用いて、住宅の設計図を書き、積算し、見積書をつくり、発注するセンター
（注19）フィードフォワードモード生産管理：フィードフォワード制御の方法を用いた生産管理、参考文献4、pp.125
（注20）ミルクラン：工場等から資材等をあずかり、届け先を巡回して配送すること
（注21）プレカット：木造住宅の柱や梁の接合部の仕口を、自動加工機で加工するセンター

参考文献

（1）椎野　潤：壁式プレキャスト鉄筋コンクリート部材を用いた住宅生産システムの経営工学的研究、工学博士論文、早稲田大学、1980年2月
（2）椎野　潤著：建設ロジスティクスの新展開～IT時代の建設産業変革への鍵～、彰国社、2002年2月20日

（3）椎野　潤著：顧客起点サプライチェーン・マネジメント～日本の産業と企業の混迷からの脱出、その道を拓く「建築市場」、流通研究社、２００３年11月20日
（4）椎野　潤著：ビジネスモデル「建築市場」研究～連携が活性を生む～、建設工業新聞社、２００４年7月22日
（5）日本建築学会編、椎野　潤共著：複雑系と建築・都市・社会、技報堂出版、２００５年4月15日

第8回
ライバルの存在が重要
ライバルのいない産業は消滅する、守る政策では生き残れない

単純に守る政策は成功しない

日本は１３００年にわたり概ね平和で、四方の海に守られているため、外敵に攻め込まれたこともなく、山村を古くからそのままの姿で保存しています。世界でも稀にみる平和社会です。

その伝統の上にあるものが、長い歴史上、はじめて危機に瀕しています。しかし、これを単純に守る政策は成功しないのです。それを「保護して守る」と「守られた人達」が競争力を失っていくからです。そして、そのような産業は、一様に後継者がいなくなります。

子供は、親の姿を見て育ちますが、成長して自分がこれからどのような仕事を選ぼうかと考

えた時、父親の姿を見ます。父親が意欲のない眼をしていたら、まず、父親の後を継ぐことはないと思わねばなりません。

保護されて、競争のない仕事をしていた父親の眼は、「生き生きと、らんらんと輝いている」ということは少ないのです。高齢の農家の主人も、シャッターが閉まる商店街の主人もこの傾向があります。

ここでは、国の方針と対策も重要です。私は、今、製薬業界に対する国の対策に注目しています。この業界は、今、激しく動いています。私のブログを読んでも、短期間に状況がどんどん変化しています。これまで安穏としていた製薬業界は、にわかに真剣な経営をする姿に変貌しています。

日本の製薬業界は、これまで安定収入がありました。「特許切れ薬」を多く持っていたのです。薬は、新薬に特許がついている間は特許権で保護されています。特許が切れますと、同一成分を持った薬を安く作るメーカーが現われます。これを「後発薬」と言います。

今、日本の医療費は急膨張しており、国はこの抑制に真剣に取り組んでいます。そこで、安い後発薬に変えていくことを推進していました。特許切れの薬については、その使用の8割を後発薬にすることを目指していました。しかし、なかなか思うように行きません。現在、やっと5割です。米国の9割とは、大きな差があります。

製薬メーカーが、後発薬が発売された後も特許切れの薬を販売したがるのには理由があります。特許切れの薬を売り続けた方が高く売れて儲かるからです。これで安定収入が得られ経営は安定するのです。

しかし、これには弊害がありました。製薬メーカーの新薬開発意欲が衰退し、欧米大手メーカーとどんどん差がついてきたのです。政府は、医療費の削減のためばかりでなく、この産業の弱体化の防止のためにこの切り替えに力を入れました。

この結果、大手メーカーが動き出しました。武田製薬工業やアステラス製薬が積極的に動き出したのです（注1、参考文献1）。ここでは、対象になる薬のブランドと国から認められた販売権などが販売されます。この販売で得られた資金は、新薬の開発資金に回せます。

世界の実情　ファイザー　1兆4000億円の買収

ところで、この新薬開発企業の動きは世界で見ると凄いのです。２０１６年８月23日の日本経済新聞には、米医療品大手ファイザーが米バイオ医薬大手メディベーションを140億ドル（約1兆4000億円）で買収したと書いていました（注2、参考文献2）。

このメディベーションは、前立腺がんの治療薬「イクスタジ」を開発しているきわめて有望なベンチャー企業ですが、ファイザーはその企業の82年分の利益額を投じて買収したのです。

企業の買収は、その金額で買っても儲かると思うから買うのでしょう。しかし、このような高額な支出で儲かるかどうかは、未来の展開をどの位予測できるかにかかっているでしょう。

特許切れの薬を持ってじっとしていた方が儲かると考えていた人達に、このような未来を見た判断ができるでしょうか。当面は、安全で儲かると思いますが、その先はじり貧になるのは明白です。

ところで、日本でも、凄い薬が開発されました。もう、どうしようもなく治療が困難になった末期がんにも驚異的に効果がある新薬が開発されたのです。小野薬品工業が開発した「抗体医薬品」オプジーボです。でも、この薬、コストが超高いのです。健康保健の対象にすると健康保険医療制度を破壊します。

しかし、この新薬は未来の医療の扉を拓く超先端薬ですから、医療保険から外すと日本の医療の世界一のポジションの維持は難しいのです。現在、工夫して健康保健で医療を進めていますが、医療費の急膨張が始まっています。緊急の対策が求められているのです（注3、参考資料3）。

このオプジーボは、2014年に、皮膚がんの一種「悪性黒色腫（メラノーマ）」で、初めて保健が適用されました。2015年には、「非小細胞肺がん」に適用されるようになり、対象患者が大きく増えました。近く、腎臓や血液がんの治療にも使われる予定です。

しかし、このオプジーボはがん患者全員に効くわけではないのです。対象となる肺がん患者でも、有効なのは約2割の人だと言われています。そこで、有効な人と、効果のない人を、早期に見分ける試みが、全国35の医療施設で共同で行われました。早く区分して、有効な人だけに投与を絞れば、医療費が大幅に削減できるからです。そして、この効果のあるなしを予測する目印の候補は、見事に見つかったのです。

1カ月程の間のこの慌ただしい経過が新聞に連日出ており、私は8回ほどブログに書いています（注3、参考文献3）。日本は、先進国の中でこのような対応が一番遅いと言われてきました。しかし、このオプジーボに関しては、大変迅速に統制がとれて対応できたのです。

エーザイ　米国でのゲノム創薬

エーザイは、がんゲノム情報を使った先端医薬品を開発しています（注4、参考文献4）。エーザイは、日本国内のこのような対応の遅さを感じとり、国内で開発するのを断念し、米国において開発を行ってきました。

２０１１年に「がんゲノム情報と先端創薬化学を活用する新会社」を米国マサチューセッツ州に設立し、米国人のゲノムを基にして臨床実験を行ってきました。５年前の２０１１年には、日本国内の新薬に対する認識は今とは比較にならない程、立ち遅れていたのでしょう。米国に競争相手のライバルを見つけて出て行った同社は、先見の明があったと言えるでしょう。ゲノム医薬品の最初の開発者になりそうです。

日本のバイオ医薬の、今の水準があるのは、このような先行者の努力によるところも大きいと思われます。無風の国内で守られて安全で確実に儲かる経営をしていたのでは、この変化の早い世界では、間もなくじり貧になるということなのです。これを肝に銘じておかねばなりません。この新薬開発の事例はそれを教えてくれます。

この小野薬品工業が開発したオプジーボに代表される「抗体医薬品」等のバイオ医薬について、薬が開発された後の製剤作りに対しては、日本の大手化学メーカーが、こぞって参入し始めています（注5、参考文献5）。

この薬を作るには、今までの化学工業の技術だけでなく、生体のたんぱく質などの培養技術が必要です。各社が、今、技術転換を急いでいます。このように「作る段階」になると日本の企業は対応が迅速なのです。

三菱化学、三菱ガス化学、住友化学、日本触媒、東ソー、カネカ等が参入しています。日本の薬品工業も内に籠もって遅れていましたが、うまく目覚めることができて追い付きつつあります。それは海外の同産業の激しい変化に触れて覚醒することができたからでしょう。

しかし、私が心配しているのは、海外の同業の動きを見ても、「あれは日本とは条件が違う」と思い、ライバルとは思わない業界の場合です。農業もそういう感じがありました。しかし、最近、輸出に挑戦してみたところ、意外にも活路が見えてきたようです。

今、中華圏で、日本の果物が売れています。富裕層に日本の高級果物が人気で、山梨県甲州市の高級ブドウ「シャインマスカット」は、香港、台湾で、一房６０００円と日本国内の３倍の価格で売れています（注6、参考文献6）。

種なしで、皮ごと食べられ、甘いという日本で作出した品種ということです。外へ出してみれば、内で考えていたのとは違う風景が見えてくるのです。この例を見ると、とにかくやってみることが大切だということがわかります。

敵と闘うばかりでなく敵の懐に入るのです。売り出す前に、「一房6000円のブドウが売れるだろうか」と現地に問い合わせても、マーケティングの専門家に調査を依頼しても、「売れる」という答えはなかったでしょう。常に進化する先を見つめて行動することが重要です。

その意味で、国産材産業も輸出に挑戦すれば活路が見えてくるだろうと私は見ています。日本の美、日本の魅力、日本文化の奥深さと共に、森と木を売り込んでみることです。特にインターネットとスマホをうまく使うのが重要でしょう。

ドイツ　シーメンス　日本上陸大歓迎

私は、世界最強の企業が「日本で仕事をしたい」と発表した時、「大歓迎」とブログに書きました。それはドイツのシーメンスについてです。風力発電で発電した電力を、水素に変えて貯蔵して利用する。そういう「サプライチェーン・マネジメント」を構築したいと発表したのです（注7、参考文献7）。

私は、日本の未来の水素社会を夢見ており、一刻も早い実現を心待ちにしていましたが、なかなか、現実のものにはならないのではないかと思っていました。時間がかかるだろうと感じていたのです。

風力発電は、発電時に二酸化炭素を出さない「クリーンエネルギー」で、期待がもたれていますが、風況により発電量の多い時と少ない時のばらつきがあるのです。発電量が安定しないため、安定電源に受け入れられないことがあるのです。この計画は、その余剰となった電力を買い取って、水素に変え貯蔵して利用しようとするものです。

この実施には、本来は電力会社の積極的な対応が必要です。しかし、電力会社は内需産業の一般的性格として、安全・安定・守りの指向が強いのです。リスクをおかしても挑戦するという姿勢はあまりないのが普通です。ですから進まないのではないかと危惧していたのです。

そこへ、シーメンスが応援しに来てくれたのです。私は、シーメンスを世界で最強の製造業と見ています。自動車でも、鉄道でも、風力発電でも、その他あらゆる分野で強いのです。日本のそれぞれの分野の企業の最強のライバルです。

このシーメンスが、日本で本気でやってくれたら、日本の各企業の気迫は、にわかに盛り上がるでしょう。「負けてなるものか」という日本人魂がわき上がるでしょう。

ところが、数日後の日本経済新聞に、「世界最大級の水素工場、２０２０年操業開始、東芝・東北電力・岩谷産業」という記事が出ていました（注8、参考文献8）。

記事には、「世界最大の水素工場を福島県に作ることが決まった。２０２０年に操業開始する。プラント建設は東芝、送電網の整備は東北電力、水素の貯蔵・流通は岩谷産業が担当する」という内容でした。

私は、この2つのブログの間に関係があるとは思いません。この計画は、大分前から計画されていたようですから。たまたま、発表時期がかち合ったのでしょう。でも、「ライバル大歓迎」のブログを書いた直後に、「日本勢、いよいよ出発」のブログを書くことが、奇妙に多いのは事実です。

翌日のブログに書いた記事にも、同様のことを感じました（注9、参考文献9）。「東京電力、米風力発電ＶＢに出資」という記事です。これまで、もう少し積極的にやって欲しいと思っていた東京電力が、米国の小型風力発電サービスを行うベンチャー企業に投資したという記事です。

しかも、将来は共同出資会社を設立し、日本やアジアへの事業展開をするつもりというのです。私は嬉しくなりました。このような積極性が欲しかったからです。

でも、シーメンスの日本での計画は中止しないで欲しいのです。シーメンスが日本に来て本気でやってくれれば、日本には水素工場が競り合って作られ、日本は、世界初の水素社会を実現した国になるでしょう。また、東京電力の小型風力も日本国内はもとより、広くアジアに展開するでしょう。

でも、シーメンスが日本上陸を断念するようなら、水素工場も小型風力発電も実証実験で止まってしまい、しばらく停滞する恐れもあるのです。それほど気力を絞り出してくれるライバルの存在は重要なのです。

自動運転車　ライバル登場　欧州の強力集団

ライバルというと、もう1つの例を最近ブログに書いています。「自動運転車」についてです。自動運転車の開発は、今、世界で活況を呈しています。日本の各社も、積極的に挑戦しています。ところが、ここに、強力なライバルが、また、登場したのです。

高級車世界3強のBMW、ダイムラー、アウディのドイツ勢は、欧米などの半導体・通信機器大手と組み、次世代高速通信を使ったサービスで提携すると発表したのです（注10、参考文献10）。この3社は、スウェーデンのノキアのデジタル地図サービス子会社、ヒアを買収しました。そして2018年から走行中の3社の車がセンサーなどで集めた情報をヒアのクラウドで共有し、運転支援システムなどに生かすサービスを始めると表明したのです。

実際に営業の現場で激突している3社がこのようなことを実施するのは大変なことだと思います。日本の各社も既に行っているのかもしれませんが、このようなライバルの情報公開は良い刺激になったはずだと感じています。

第8回のキーワードは、「ライバルの存在が凄く大事だ」です。
※当内容は、2016年8～10月に、私が書いたブログを引用して書いています。もう少し詳しく知りたい方は、是非、私のブログをお読みください。検索は、グーグルで「椎野潤・ブログ」です。

まとめ

- 後継者を失う業界の共通項とは
- 利益82年分の投資を決断する未来予測力
- ライバルを求めて海外に出る理由
- 「日本とは条件が違う」という言い訳の落とし穴
- 外に出して見えてくる風景とは
- 「負けてなるものかという日本人魂」の本質論

（注1）参考文献1、日本経済新聞2016年7月5日から引用
（注2）参考文献2、日本経済新聞2016年8月23日から引用
（注3）参考文献3、日本経済新聞2016年8月22日から引用
（注4）参考文献4、日本経済新聞2016年8月23日から引用
（注5）参考文献5、日本経済新聞2016年8月24日から引用
（注6）参考文献6、日本経済新聞2016年9月21日から引用
（注7）参考文献7、日本工業新聞2016年9月2日、日本経済新聞2016年9月14日から引用
（注8）参考文献8、日本経済新聞2016年9月29日から引

用
（注９）参考文献９、日本経済新聞２０１６年10月２日から引用
（注10）参考文献10、日本経済新聞２０１６年９月28日から引用

参考文献

（１）椎野　潤ブログ、政府医療費削除、後発薬8割目標、製薬会社、特許切れ薬売却、２０１６年８月１日
（２）椎野　潤ブログ、米医療大手ファイザー米バイオ大手を買収、２０１６年９月11日
（３）椎野　潤ブログ、注目のがん治療薬オプジーボ、効きめ予測技術進展、２０１６年９月12日
（４）椎野　潤ブログ、ゲノム活用抗がん剤、エーザイ、２０１６年９月13日
（５）椎野　潤ブログ、化学各社、バイオ医療事業に参入、２０１６年９月10日
（６）椎野　潤ブログ、日本の高級果物、中国圏、高い評価、日本国内価格の3倍、２０１６年10月９日
（７）椎野　潤ブログ、世界のシーメンス（独）、日本で水素利用サプライチェーン構築、２０１６年10月２日
（８）椎野　潤ブログ、世界最大級、水素工場、２０２０年操業開始、東芝・東北電力・岩谷産業、２０１６年10月10日
（９）椎野　潤ブログ、東京電力、米風力発電ＶＢに出資、２０１６年10月11日

（10）椎野　潤ブログ、ドイツの３強、つながる車で連合、データ、クラウド上で集積、２０１６年10月16日

第9回

ＩｏＴの元祖は林業だった

スウェーデンの林業ＩｏＴシステム　日本でも近く実証実験

北信州森林組合訪問

先日、長野県の北信州森林組合を訪問しました。この森林組合は、大変に進んだ立派な管理をしていました。日本独特の山の小さい所有者を集約化して、地域として経営規模を大きくして、林業として計画的な施業を実施していました。新卒で若い社員を積極的に採用し、組織的に後進作りを進めていました。森林調査は、航空レーザー解析の結果と森林ＧＩＳの位置情報を組み合わせて行っており、これに組織管理のＩＴアプリケーションのデータとの連携を進めています。私が、これまで聞いていた、森林管理の姿とは大きく乖離していました。想像以上に進んでいるのに驚きました。

大ショック　国産材製品逆輸入

一方で、凄いショックも受けたのです。それは、日本から中国へ輸出された国産材の丸太が、中国で製材されて、製材品として、再輸入されているという話を聞いたのです。もし、本当だとすれば大変なことです。私は、中国の製材工場の実態を知りませんが、多分、日本の製材工場より、生産性は低いのではないかと、想像しています。

もし、私の想像通りだとすれば、中国の製材コストが日本より著しく安いということはなさそうです。それなのに、日本から中国の港まで海上輸送し、関税を通り、陸送して製材工場に入り製材され、また陸送し、海上輸送して日本にもどってきた木材が、日本国内で、伐採、素材生産、製材されたものよりも安いということはありうるでしょうか。

これから、詳しく調べて見ようと思っていますが、このような風評が流れているだけでも、一大事です。もし、それが本当なら、信じられないほど日本の木材の素材生産・製材・流通費が高いということになってしまうからです。とにかく、日本国内の素材生産・製材・流通の合理化を、一層、急がねばならないと強く思いました。

世界3大林業機械メーカー

そのように悩んでいるとき、スウェーデンの進んでいるシステムの話を小耳にはさみました。しかも、日本のコマツの子会社、コマツフォレスト（注1）が、その技術を持っているというのです。実は、コマツ物流の田村耕司前社長は、早稲田大学の経営大学院に参加してくださっており、椎野塾にも来ていただいていました。

今回は、コマツの最新の取り組みを伺うことができましたので、まず、これからお話しいたします。今回、お話を伺ったのは、コマツの白井教男さんです。

コマツは、2004年、スウェーデンの林業機械メーカー、バルメットを買収し子会社化しました。これが現在のコマツフォレストです。コマツフォレストは、ジョンディア（米国、注2）、ポンセ（フィンランド、注3）と並んで、世界3大林業機械メーカーと言われています。

このバルメットは、古くから、M2M（機械と機械をつなぐネットワーク、注4）の実践者として有名でした。M2Mは、今、世界で注目されているIoTの代表格であるGEのフレディックス（第6回で紹介）の原型となったものです。すなわち、伐採現場で働いている「機械」ハーベスタ（木材伐採機、注5）と、林業会社の「機械」（林業管理アプリを搭載しているコンピューター）をインターネットでつないでいる通信は、今、大流行のＩｏＴの元祖なのです。そして、そこには誰でも簡単に接続でき、データを共有できるクラウド（注6）があります。

このコマツフォレストの機械に搭載されている「マキシエクスプローラ」は、「林業機械のコントロール」だけではなく、「生産材と生産の情報」について、山の「作業機械」と林業会社の「情報端末」との間での「データの送受信」を行います。マキシエクスプローラは、これら一連のことを行うコンピューターアプリケーションソフトです。そして、このアプリが送り出すデータを受け取るのが、マキシフリートと呼ぶクラウドです。ここには、巨大なデータベースがあります。

ＩｏＴでつながる伐採現場　ビルド・ツウ・オーダー生産

木材を伐るハーベスタは、マキシフリートや林業会社のシステムから、木1本1本のデータの採材計画を受け取り、機械に入力します。機械は、以下の作動をします。

(1) 木を伐ります(オペレーターは乗っています。無人ではありません)。
(2) 枝を払います。
(3) 必要な長さに切ります。

この機械が作業を行うデータは、クラウド経由で林業会社からハーベスタに送られます。このデータは客別の寸法・数量です。すなわち、木は伐り倒した時から、その場で(山で)客の注文に従い切断・加工されます。すなわち、これはビルド・ツウ・オーダー生産(新しいタイプの注文生産、注7)なのです。

寸法データは1フィート刻みで、30~40種類もあります。すなわち、この生産は、製造業で最も難しいといわれる「多品種個別受注生産」(注8)です。このデータで納品書・送り状も発行されます。

また、スウェーデンで、林業会社(林業作業の注文者)側では、各社独自の林業ソフトが使われています。このソフトは、以下のように使われます。
(1) 林分解析を行い、どのエリアに、木がどの位あるかを解析します。
(2) ワークオーダー(作業の発注、注9)を出します。

（3）機械（ハーベスタ）から、作業済みのデータを林業会社のソフト経由でフォワーダ（木材運搬車、注10）に送り、荷を積みます。
（4）荷を客別に山積みし、代表品に読み取れる印（例えば、QRコード、注11）を付けておきます。
（5）客別の山ごとに道路わきに置き、運送会社に運送依頼を送信します。
（6）トラックが来て荷を積み、客先（製材工場、合板工場、木工所、輸出は港）へ搬送します。
この客先は、木を伐ったハーベスタが知っており、この指示データが丸太についています。

この林業作業システムは、かなり情報化（自動化）されていますが、人間の役割も重要です。

すなわち、人の仕事は以下です。
（1）オペレーターが、どの木から、どの順序で伐るか。機械がどのような方向へ作業を進めていったら良いか、作業性を判断して決めます。
（2）最初に伐る木が決まれば、その作業位置にハーベスタを移動させ、木を伐り倒します。
（3）オペレーターが、玉切りのボタンを押します。機械が自動で切ります。どう切ったら最も高く売れるか、事前の採材表に基づいてコンピューターが計算します。
（4）なお、この際、材に曲がり、腐れなどがあれば、オペレーターが対応します。

フォワーダ（木材搬送車）にも、運転手（オペレーター）がいます。以下の作業を行います。

（1）フォワーダの運転手は、ハーベスタからのデータを読み込み、取りに行く順序を決めます。

（2）フォワーダを運転して取りに行きます。

（3）丸太を、客先別の山ごとに運搬して、道路のわきに置きます。

（4）フォワーダのクレーンについている重量計で、丸太の重量を量ります。

（5）重量で推定した、おおよその作業量を、サーバー（クラウド）へ送信します。

（6）林業会社の担当者は、クラウド経由で受け取ったデータを運送会社に送り、運送を依頼します。

（7）運送会社の運転手は、指定の荷物（丸太）を、製材工場、合板工場、木工所、港へ運びます。

（8）丸太に、アウトプットされた指示書を添付しておきます。

残された課題　販売計画

なお、このシステムでは、林業会社と製材工場、合板工場等の間のインターネットの情報伝達は途切れています。私は、日向の中国木材の現場や工場を見学していますが、あのような大工場の場合は、この間もインターネットでデータがつながっていた方が良いと思います。その方が、ＩｏＴの真髄が発揮されるでしょう。

ただし、山から客先（製材工場、合板工場等）まで、インターネットでつながるためには、林業会社側に販売計画が必要です。生産システムの原点は、まず、販売計画があり、これにより生産計画を作り、仕入れ計画を作り、生産計画を最終的に固めるというのが順序です。

でも林業は、こんなに進んでいるところでも販売計画がないようです。先日訪問した北信州森林組合でも、「販売先の合板工場の生産量が巨大で、森林組合の生産量は小さいので、予約をしていなくても、いつでも受け入れてくれる。従って、販売計画は作っていない」と言っていました。

しかし、工程の最上流の木の伐採時から、顧客ごとの個別生産（ビルド・ツウ・オーダー生産）をしているのですから、最上流から最下流まで、サプライチェーン・マネジメントをつなぐのが筋だと思います。

作業計画　見積り・積算

スウェーデンでは、StanForD（注12）というデータの統一規格が決まっています。これに従ったデータが、共通の大規模データベース（クラウド：厳密に言えば、クラウド内のビッグデータ）に貯めてありますから、各社が、この共通データベースにアクセスして、簡単に作業計画をつくり、見積り・積算することができるのです。

このような統一規格の策定を、スウェーデン森林研究所、林業会社、メーカー、ソフトウェア会社が共同で行っています。ハーベスタが切断・加工した、おびただしく多量なデータもクラウドに全て蓄積されており、後の計画・積算に活用されています。すなわち、クラウドを通じて、森林のあらゆるモノがネットでつながるＩｏＴが確立しているのです。

なお、確認はできませんでしたが、作業者の位置情報も、スマホとGPSでデータが取得されれ、蓄積されているものと思われます。従って、あらゆる「モノ」の「モノ」は、「物」だけでなく「人」も含まれているのでしょう。すなわち、ここでは、林業のＩｏＴは出発しています。

日本の林業についても、コマツは、近いうちに実証実験を始めるということでした。凄く楽しみです。実証実験が始まったら見学させていただいて、ブログを書きたいと思っています。

スウェーデン林業の進化の状況も伺いました。日本の運搬車両は、普通は25ｔまでです。スウェーデンでは、車両＋荷物の総重量の上限を、２０１７年には、74ｔにする動きが進んでいるそうです。

私は、林業・木材産業は、製造業というよりは、ロジスティクス産業だと思っています。従って、道路はコストの上で、最重要課題です。日本は、どう、対抗するのでしょうか。真剣に考えねばなりません。

それより、さらに、林業・木材産業の構造そのものを、根本的に直さねばなりません。そのためには、産業に対する常識と意識を、大転換する必要があります。

ここまで、林業を最上流にし、製材工場、合板工場を最下流にしたサプライチェーン・マネジメントについて書いてきました。これにより、B材を対象にしたサプライチェーンの改革はできるでしょう。しかし、A材は置き去りになります。A材のサプライチェーンを改革するには、最下流を住宅発注者（「お施主さん」）にしたサプライチェーン・マネジメントを考えねばなりません。

私は、もう、随分前のことになりますが、「建築市場」（注13、参考文献1）という、一戸建て木造住宅作りのサプライチェーン・マネジメントの研究をしたことがありました。本書でも、第7回（注14、参考文献2）で、これについて述べています。この研究の過程で、このシステムに関連した実証実験（注15、参考文献3）をしています。この試みは、結局、実用化はできませんでした。でも、実証実験は、成功しています。次に、この経過を報告しておきましょう。

林業　施主サプライチェーン　実証実験

私が、「林業　施主サプライチェーン」の確立の実証実験をしたのは、2003年のことです。この早稲田大学建築市場研究会（注16）で行われた実証実験は、以下のような実験でした。

お客との住宅受注が決まってから、必要な材を算出し、その木材、1本1本を使う邸名がわかる状態で伐ります。これは都市住民の森林コミュニケーションとして、各地で行っている「この木であなたの家を建てましょう」というのと同じです。しかし、そこでは、家を建てるまでに大変に時間がかかります。これを普通の住宅作りと同じ建設期間で完了させるのです。

ここでは、家を建てる計画が決まり、設計ができ、図面がこの実験での主人公、ベネフィット森林資源協同組合（注17）に送られてきますと、木材の拾いだしが行われ使用木材リストが作られます。このリストを少量在庫してある丸太の在庫と照合し、在庫のあるものは引当て、その他は、この木を伐る素材生産業者を決め、この必要数量を伝達します。業者は、注文の木を伐り、この丸太を協同組合の工場に届けます。工場は、これを燻煙熱処理（注18）し製材して人工乾燥させ、これをプレカット工場へ送ります。

この実験では、木材発注から製材品発送までのリードタイムは1カ月でした。これにより、これまで木材生産に多大にあった在庫が殆どゼロになりました。ここでは、山側に残る金は、5000円／㎥であったのが、この実験により1万3000円／㎥に、8000円増えました。また、木材を買う工務店側も、それまで6万9000円／㎥であったものが、6万3000円／㎥と、6000円（約1割）安く買えていました。

この邸別生産方式では、木材の流通は、原木市場、木材市場、木材問屋を経由しなくなっていますので、当時の一般の事例と比べれば、20～30％流通費が削減できていました。これは、当時、木材の流通維新と呼んでいた改革の起点になっていました。

その後、このシステムは、実用化されず、途切れていますが、今は、当時と比べれば、コンピューターの性能は著しく向上し、コストも劇的に低減しています。今、チャレンジしてみれば、実施は、遥かに容易になっていると思われます。

なお、当時、早稲田大学建築市場研究会の中に設置されていた「木材ロジスティクス研究会」が、国土交通省の支援による建設業振興基金の公募で採択された実験の記録（注19、参考文献4）が残っています。この実験に、ご興味をお持ちの方は、是非、お読みください。

改めて気がつく　日本林業の重大な課題

スウェーデンの林業会社は、皆、巨大な社有林を持っていました。日本の小規模山主が、大多数を占めている現実をどうするか。そろそろ、重大な決断（注20、参考文献5）をしなければならないでしょう。日本の識者の真剣な議論を望みます。

最近、次の2冊の本を出版しました。

（1）椎野　潤、堀川保幸共著：改訂増補版　日本国産材産業の創成（参考文献5）。

まとめ

- 伐倒時に客別注文で造材・採材
- 30~40 サイズのビルド･ツウ･オーダー生産を可能にするもの
- ハーベスタが担う客別生産情報の受発信
- フォワーダは納品データの発信者となる
- 統一規格の共通データベースを各社が利用
- 林業・木材産業はロジスティクス産業
- 在庫ゼロの施主サプライチェーン

（2）椎野　潤、酒井秀夫、堀川保幸共著：日本木材輸出産業の船出（参考文献6）。

なお、これからの国産材産業にとっては、輸出産業化が、きわめて重要だと考えています。国産材産業の輸出産業化については、参考資料6に重点的に記載しておりますので、是非、これをお読みいただきたいと思っております。

（注1）コマツフォレスト：林業機械の製造販売会社。コマツが2004年1月、スウェーデンのバルメットを買収し子会社化。本社、スウェー

デン、ウメオ
（注2）ジョンディア：米国の重機機械製造メーカー。設立1837年。本社、米国、イリノイ州モーリン
（注3）ポンセ：フィンランドの林業機械メーカー
（注4）M2M：マシン・ツウ・マシン。コンピューターネットワークにつながれた機械同士が相互に情報交換し連携されるシステム。
（注5）ハーベスタ：伐採を行う林業機械。木材伐採機。
（注6）クラウド：クラウドコンピューティングの略。インターネット上のどこかにあるコンピューターシステム。誰でも簡単に接続できて使えるシステム。ビッグデータ（おびただしく巨大なデータベース）を持つ
（注7）ビルド・ツウ・オーダー生産：量産により自動生産を行ってきた企業での個別受注生産
（注8）多品種個別受注生産：多品種で個別の製造を受注後に着手する生産
（注9）ワークオーダー：作業（業務）の発注
（注10）フォワーダー：林内木材運搬車
（注11）QRコード：マトリックス型二次元コード
（注12）StanForD：スウェーデンの林業データ統一規格。規格の統一が重要

（注13）参考文献1、「鹿児島モデルの登場」pp.39〜69
（注14）参考文献2、林業ロジスティックゼミ、第7回、pp.54〜63
（注15）参考文献3・7。木材のビルド・ツウ・オーダー生産、pp.168〜171
（注16）早稲田大学建築市場研究会：2001年4月から2006年3月まで、早稲田大学アジア太平洋研究センターに設置されていた産学共同研究会。木造住宅のサプライチェーン・マネジメントを研究していた
（注17）ベネフィット森林資源協同組合：鹿児島県南大隅町の森林組合。当時のリーダーの森田俊彦氏（現、南大隅町町長）は、木材流通改革の先導者だった
（注18）燻煙熱処理：木材を燃焼させた煙と熱で木材を乾燥させる方法
（注19）早稲田大学建築市場研究会内の木材ロジスティクス研究会が、建設業振興基金（国土交通省所管）の公募で採択されて行った実験。参考文献4。木材ロジスティクスプロジェクトの推進、pp.58〜76参照
（注20）参考文献5、追補記、改訂増補版出版に際して、pp.119〜121参照

参考文献

（1）椎野　潤著：建設ロジスティクスの新展開〜IT時代の建設業変革への鍵〜、彰国社、2002年2月

20日
（２）ＧＲ現代林業２０１６年11月号、全国林業改良普及協会、２０１６年11月１日
（３）椎野　潤著：山と森と住い～林野と共生する家づくり～、メディアポート、２００８年11月11日
（４）椎野　潤著：建築市場研究、Ⅱ、早稲田大学建築市場研究会講演録、２００３年度版、メディアポート、２０１３年４月６日
（５）椎野　潤・堀川保幸共著：改訂増補版、日本国産材産業の創成～森林から製材、家づくりへのサプライチェーン・マネジメント～、メディアポート、２０１６年10月15日
（６）椎野　潤・酒井秀夫・堀川保幸共著：日本木材輸出産業の船出～スギとヒノキと共に日本人の心を世界へ～、メディアポート、２０１６年11月７日

最終回
覚悟をもった国の未来戦略　林業は輸出産業に漕ぎ出す

私のロジスティクスゼミも今回で10回目になります。私は、このゼミにおいても、10回位で、林業関係の皆様に伝えたいことを、ひとまずまとめたいと思って進めてきました。今回、それを目指したいと思います。

勃興する新世代の専門領域

2016年5月、このゼミが始まったとき、編集部は、日本ロジスティクス研究の先駆者であり、第一人者と、私を紹介して下さいました。しかし、ここで「ロジスティクス」というのは、一体何だったのでしょうか。私は、毎日ブログを書いています。ここで私が書いていることの全体が専門領域です。

この数カ月のブログを読むと実に多彩です。医学の最先端、バイオ医学・抗体医薬品、アマゾンのネット通販が巨艦店を破壊し始めた小売業の大改革、無人自動車（ＡＩが運転する自動車）、ロボットと人間が紡ぐ未来の世界（コミュニケーションロボット）、人工知能の最前線（あらゆるモノがネットでつながるＩｏＴ）、自然エネルギーの未来（太陽光、風力、地熱、バイオマス発電と地球環境）、フィンテック（ファイナンスとテクノロジーを合わせた合成語）、50年後の日本を考える、世界仏教と日本人が推進する世界の平和（ブログは書いていませんが、7宗派の方々と椎野塾で始めています）、観光と地方の創生、国産材産業の創生。

ブログでは、いつも新聞に出た最新情報を参照し、それについて、いつも最後に自分の意見を述べています。でも、私の頭の中は常に「ロジスティクスの理想システム」です。

一般には、専門領域とは産業・技術ごとにわかれていますが、それが今、どんどん壊れています。そして新しいものに生まれ変わっています。私も、その激しい流れに、押し流されています。

産業も、既定の概念では区別ができなくなっています。富士フイルムは、今や先端医療の先導者です。キャノンは、宇宙開発の注目株です。日立製作所は、製造業からコンサルタント業に転換しようとしています。トヨタは、富士通の子会社、富士通テンを、デンソーを通じて買収しました。トヨタは、ＡＩ技術が、社内で育てた人材だけでは、不十分だと考えて、買収したのでしょう。

一方、富士通の方は、富士通テンは富士通の子会社の中では1番ＡＩに強いメンバーがいると評価されていましたが、思い切って手放しました。ＡＩの専門企業の富士通にとっては、次世代ＡＩへの変身が重要課題になっていたのだと思います。このように、今、世界の産業は、激しく動いているのです。

ロジスティクスとサプライチェーン・マネジメント

ここで、もう一度、ロジスティクスの語に戻ってみましょう。私は長い間、ロジスティクスの専門家でした。社会の変化に対応して行くうちに、ロジスティクスの範囲が拡大しました。

このゼミでは、学術的に「厳格」に定義するよりは、「わかりやすさ」を大切にしています。

そこで、そのつもりで書きますと、ロジスティクスには、「商流」と「物流」が含まれます。どちらも何かが移動します。「物」が移動するのが「物流」ですが、「物」の移動に伴って「所有権」が移動します。この「所有権」の方を中心にみると「商流」です。

この「物流」と「商流」には、必ず「情報」が付いています。「情報」は「物流」と「商流」と一緒に流れていますが、「情報自身」も流れています。すなわち、私がロジスティクスとして扱ってきたものは、「物流」「商流」「情報流」で、上流から下流へつながる流れとして見ることができます。

すなわち、「つながって」おり、供給の「流れ」であるとみると、「サプライチェーン」と見ることができるのです。これをマネジメントするのが、「サプライチェーン・マネジメント」です。この流れの中を流れるのが「物」であり、「商い」であり、「情報」であり、「金」です。この「金」の流れが、今、注目されているフィンテックです。

世の中の多くの人は、過去には「ロジスティクス」と呼んでいたものを「サプライチェーン・マネジメント」と呼ぶようになりました。私もこれに合わせて、このゼミでは、ロジスティクスの語を、狭義のロジスティクス「物流」のみに使い、残りの多くを、「サプライチェーン・マネジメント」と呼んでいます。

進化する社会を永続させることの難しさ

私は、大学を離れた後は「50年後の日本を考える」を研究テーマにしています。すなわち、「50年後のために、今、やっておかねばならないことを、できるだけやっておきたい」と考えています。

このゼミを始めた頃（2016年5月頃）は、まだ世界は自由貿易でこのまま拡大し、新しい技術とそれに伴う新産業が次々と生まれて、世界経済が拡大し続けるだろうと多くの人は考えていたと思います。しかし、私は、密かに心配をしていました。これは長くは続かないと思っていたのです。それは、進化の著しい社会がしばらく続くと、各国内の社会と産業に歪みが生じて来るからです。

次世代技術がどんどん生まれ次世代産業が急成長して行きますと、社会内、産業内の格差が急拡大して行きます。それは当然です。新しく生まれた産業は急速に拡大し、収益を上げて行きますが、それにつれ駆逐されて行く産業はどんどん小さくなって行きます。そうすると、新産業に属する人達の収入は増えて生活も豊かになりますが、消えて行く産業に属する人達の収入は減っていきます。

進化させるというのは、格差を拡大させるということなのです。ここで、格差の拡大をなんとか補填する対策を取らねばなりません。普通は、補助金や生活保護費などが与えられますが、金銭的な援助をしてもこの格差は縮まらないのです。

成長産業にいる人達の眼の輝きと意欲と夢は、衰退産業の人には見えなくなるからです。補助金を倍にしても3倍にしても駄目でしょう。結局、その人達に新しい夢と希望を与え、チャレンジする気力を湧出させねばなりません。各国は、これに最大限苦心していますが、なかなか難しいのです。

今、トランプ氏の米国大統領選挙の勝利を不思議に思う人が多いのですが、私は、数年前からアメリカ社会のこの状況を心配していました。このアメリカ人の不満を考えれば、今のトランプ氏の発言は驚くに当たりません。多くのアメリカ人の声、そのものなのです。

物を売る人と買う人の関係は、古くから代表的な駆け引きの場でした。「買い叩かれるから、集まって数で対抗する」。ここでは、買ってくれる人は有り難いお客様ではなく、買い叩く敵でした。

これをまず信頼を先に構築する。相手に自分から先に利益を与え、それに応えて充分な利益を返してもらう。そうすると「両方とも、結局、得になる」というのが、サプライチェーン・

マネジメントの発想です。これは凄い発想転換なのです。

TPPなど、いままでの自由貿易はサプライチェーン・マネジメントの発想と全く同じでした。

でも、サプライチェーン・マネジメントに成功した企業集団の中でも、争いが起きるのが普通なのです。私は産学共同研究を学内で多く実施してきましたから、その多くの事例を体験しています。とにかく難しいのです。

サプライチェーン・マネジメントの成功の秘訣

世界一のスーパーマーケット、米ウォルマート・ストアーズと、世界一の日用品メーカー米P&Gの、サプライチェーン・マネジメントの例からお話ししてみましょう。ここで、最初に利益を与えたのは、P&Gでした。P&Gは、常識を越えた安値で商品をウォルマート・ストアーズに提供しました。その代わり、「この価格で売ってもやっていけるように、協力してください」と申し入れたのです。

それは、「見込みがたつ、安定生産」の確立でした。それまで、ウォルマート・ストアーズは、どこのスーパーでもやっている「特売」を大々的にやっていました。P&Gは、自社内の原価を全て透明に開示し実態を見学させ、「特売」により生産量の大波が来る、それも予期しないときに突然来ることによって、生産原価がいかに高くなるかを説明したのです。

ウォルマート・ストアーズは理解しました。そして「特売」をやめたのです。これがウォルマート・ストアーズの有名な「エブリデイ・ロープライス」の始まりです。これにより、ウォルマート・ストアーズとP&Gのサプライチェーンチームは、商品原価が安くなり、ウォルマート・ストアーズは、世界最大のスーパーマーケットに成長したのです。

しかし、A社とB社のサプライチェーンが成功するには、両社ともどこかで譲歩しなければなりません。A社の方が大きな譲歩をしたように見えたときは、A社の社内の人達は、大いに不満になるのです。

また、A、B両社トータルで利益が拡大したとします。これは大成功です。しかし、この出た利益の分配で争いが起きます。それで、せっかくできた成功グループが解散に追い込まれることも多いのです。

自分の方の分け前は少なくして、社内の不満を抑えられるリーダーシップのあるリーダーがいることが成功のための条件です。大抵の場合、まとめることができるリーダーは、目先の利益は相手に譲り、長期的な利益をとっていました。そして、その会社の方が次世代で見事に大成長していた事例が多かったのです。

トランプ氏と日本国のサプライチェーン・マネジメントでも、これをよく認識して行動することが重要です。

日本民族の長所と短所

今、世界の人達は、日本人は凄い民族だと称賛しています。そして、キーワードとして「がまん」「仕方がない」「空気を読んで和の社会を作る」を挙げています。確かに、これは凄い日本人の美質です。でも、これは見方を変えると大きな欠点にもなるのです。

今年も後半になってから急に、「日本国内の需要は、もう、あまり増えないのではないか」と、皆思うようになってきました。人口減少や地域の予算の逼迫などが具体的に見えてきたからでしょう。

ここで人々は、二極分化してきています。その第1は消極派です。「市場が段々小さくなって行くのなら、うちの会社が年々小さくなるのは仕方がない。いずれ廃業ということも考えている」という人達です。輸出に関係のない中小の工場の経営者に多い発想です。

第2は積極派です。「今まで輸出のことは考えたことがなかったけど、市場が小さくなるのを黙って見ていたらうちの会社はなくなってしまう。だから海外への進出を考えなければならないだろう。最近、頑張っている人も出てきたから」と考える人達です。

2016年12月17日のブログ（注1、参考文献1）に、お茶の「永谷園」の英国企業の買収を書きました。永谷園は、今までは、ほとんど国内だけで事業を行ってきました。このたび、産業改革機構（注2）と共同で、英国のフリーズドライ食品（注3）の会社を傘下に持つ英ブルーコムを買収しました。

永谷園は、今後、ブルーコムの技術も使って、お茶だけでなくコメなどの日本食品のフリーズドライ商品の輸出に挑戦するようです。新聞は、「このような民間企業の進出に、官民ファンドが出資したことに異論が出るかもしれない」と書いていました。しかし、私は、「この支援は、大賛成だ」とブロクに書きました。

このくらいの積極支援がなければ、躊躇している内需産業の経営者に挑戦させるのは難しいのです。「市場が小さくなるのなら、うちの会社が小さくなるのは仕方がない」「周りをみると、皆、廃業を始めている」「うちも廃業するよ」と、皆が空気を読んで廃業を始めたら、「生活保護費」をもらう人ばかり増えて、国を支える人はいなくなってしまいます。これはなんとしても防がねばなりません。国にも、手厚い支援をしてもらわねばならないでしょう。

鎖国はきわめて困難

これからの人口減少社会の中で、このような消極派の増加は防がねばなりません。現実には、こんな消極派は競争が少ないところで生まれやすいのです。一般には、内需産業にこの傾向が多いと言えるでしょう。

どの国も、国内の内需産業にこの傾向が多いのです。どの国でも、国内の内需産業は古くからの伝統を持ち、保存する必要のあるものも多く、地域の人達の日々の生活に密着しています。ですから、各国政府は外部の侵入者に攪乱されないように守ろうと苦心してきました。しかし、このように守りながら活力も維持して行くのはかなり難しいのです。

アメリカのトランプ新大統領の発言も、デトロイトの自動車産業が新世代の産業に変化して行く中で、多量の失業者が出るという予感におびえている市民の声が背景にあるのです。その人達を守る。外からの敵を防ぐ。これは結局、鎖国政策ということになるでしょう。

でも、鎖国すると、すぐ弊害が出ます。自由交易の時代と利害は逆になります。古い産業の破壊は防がれ安定します。格差の拡大も止まります。その代わり、新産業の勃興も止まります。世界の進化から見る見るうちに取り残されます。国民の収入は短期間で減少しはじめ、貧しい国に転落します。

今、鎖国の代表は北朝鮮ですが、ロシアは半鎖国状態にあります。それはクリミア半島の問題やシリアの問題から、欧米諸国から経済制裁を受けているからです。私は、2016年12月16日のブログ（注4、参考文献2）で、日揮（注5）や千代田化工建設（注6）等のプラント開発大手のロシアの食物工場建設への参入を書きました。

そこで私は、ロシアが日本より天然資源に恵まれていない部分があると書きました。それは太陽エネルギーについてです。ロシアは冬期の太陽光エネルギーが弱く、自国内で食料の生産を間に合わすことが難しいのです。ロシアは2020年までに電気エネルギーを補足した食物工場を1500カ所作る計画を立てています。

結局鎖国をするとなれば、そのような対策が各所に必要になるでしょう。大国米国とて同じことです。鎖国は容易にできるものではありません。

ベトナムの内需産業強化戦略

ところで、どこの国でも弱体なことが多い内需産業ですが、それを強化しようとしている国があります。それはベトナムです。私は、10月13日のブログ（注7、参考文献3）に、これを書いています。

ベトナムは社会主義共和国です。内需産業は、現状は大部分が国営企業です。今、ベトナムは凄い勢いで成長していますが、その中で、国営企業をどんどん売却しています。売却して得た資金で先端産業に投資しようとしているのですが、同時に、海外から各分野で最も進んだ企業を誘い入れ、国内の内需産業を強力なものに育てて、将来に備えようとしているのです。

ベトナムが日本にGDPで追いついてきた時には、日本より遥かに、内需産業が強い国になっていることが予想されます。すなわち、ベトナムでは、今回の国営企業の売却によって、ベトナムへ連れてきた企業については国民の雇用を生み、生活水準を上げてもらうと同時に、この一時期のブームが去ったあとも、人々の生活を豊かに守り続けてくれるものにしたいと考えているのです。

今、ビール工場と牛乳工場の入札が注目されています。ビール工場の入札には、日本のアサヒビール、キリンビール、サントリーが参加すると予測されています。日本のビール各社としては、日本国内のビールの需要の伸びが期待できない中で、ベトナム国内の市場を独占しているビール会社を買収し、当面、９０００万人のベトナム人の市場をつかむと共に、次いで、ここを足場として世界へ輸出企業として進出し、自社をグローバル企業とすることを考えているのでしょう。

ベトナムの市場はまだ未成熟ですから、これからしばらくは、毎年、規模が拡大する有望な市場です。しかし日本の各社は、ここもやがて成熟して来ることを見据えて、世界各地に展開する長期経営戦略を立案し、これを実行して行き、自社が持続可能な企業となることを目指しているのでしょう。

内需産業が持続可能であることとは、国家も持続可能ということです。このことからベトナム政府はこの入札での企業の選択に際して、「海外への輸出展開力」を最大の評価基準にすると言っています。これは単に、国営ビール企業を売却するということではなく、日本では内需産業に留まっていたビール産業を、ベトナムでは輸出産業にしようとしているということです。

このように考えて行きますと、日本の内需産業の弱さが気になってきます。

「守る発想」から脱皮するために

日本では、生活の基幹をなす生活産業は内需産業として守り、外からの侵入で国内企業が負けないように守って来ました。そのため今の日本では、その内需産業の活力のなさがとても気になるのです。これからの日本の未来を考える時、私は、これに強い危機感を感じています。

ここでは「何かを守る」という考えから、思い切って脱皮することが重要ではないでしょうか。すなわち、日本が弱いところは、強い人に来てもらって強くしてもらう方が、手っとり早いのではないかと思えて来るのです。

考えてみれば、日本の国産材産業は、現在、内需産業です。輸出産業ではありません。そこで私は、日本の国産材産業の創生で極端なことを思いつきました。日本の林業現場に、世界で一番強い森林・木材企業に来てもらって、世界一の木材・木材製品輸出国に育ててもらうのです。そうして一段落して、その会社に帰国してもらった後には、日本は世界一の木材産出国になって、日本人は森を大事にして、永く生きて行こうと考えるのです。

ベトナム政府がアサヒビールか、キリンビールか、サントリーに頼むのと同じことを、世界一強力な森林企業に日本政府が頼むのです。

イギリス政府の決意と決断

イギリス政府が、ロンドンと主要都市を結ぶ鉄道の全面的な置き換えを日立製作所に発注しました。日立製作所は本来は車両メーカーです。そこに鉄道の建設ばかりでなく、運営の一切を任せて請け負わせました。27年6カ月にわたるこの契約では、車両の納品費は、請負金の数分の1です。残りは、運行の安全と緻密な運行管理の保証の費用です（参考文献4）。

イギリス政府は、イギリス人には日本人の真似はできないと気がついたのでしょう。自国民にはできないことをできる日本人に任せて、日本の新幹線と同じ安全性と運行管理ができる鉄道を後世の自国の社会に遺そうとしたのです。

イギリス人は、世界一プライドの高い人達です。その人達が、そのように覚悟を決めたのは凄いことだと思います。見習わねばなりません。外との競争のない内需産業は、そのくらいの覚悟がなければ、この進化の早い世界で一旦遅れた状態から最先端に追いつくのは難しいのです。

ベトナムは新興国ですが、イギリスのような先進国であっても内需産業ではそれが伝統産業であり、本人達が自信をもっているほど、そして世界の進んでいる国に比べて著しく遅れてしまっているのを自覚していない場合には、思い切った決断が必要なのです。

でもイギリス人は、誇り高い民族です。鉄道会社や技術者は誇りを傷つけられ、強く反発したことでしょう。考えてみればイギリス政府は、この契約をよく決断したものだと思います。私は、イギリス政府のこの決断に尊崇の念を憶えます。

社会を大ジャンプさせた国・日本　林業は輸出産業へ漕ぎ出す

しかし私は、日本は他国とは違うはずだと思い当たりました。日本人の苦難の局面に立った時の強さを思い出したのです。明治維新の時は黒船が来ていました。第2次世界大戦の敗戦の時には、占領軍が上陸していました。黒船が目前に見えた時、日本人は、凄く強かったのです。そして著しい劣勢を見事にはね返して、追いつき追い越したのです。そして社会と産業を大きくジャンプさせ、数段と高いステップへ飛び上がったのです。

日本国民は平素は、真面目で温厚な民族なのですが、黒船が来た時は強いのです。平素は「空気を読んで」「決断を先送り」しますが、黒船が来た時は、ぱっと目覚め、強力に結束して強い意志を持って、目的に立ち向かう力があるのです。林業も同じだと思います。要は、皆が、

まとめ

- 専門領域の解放と新世代産業への変身
- 「物流」「商流」「情報流」
- 目先より長期を見るリーダーの存在
- 内需産業の持続が持続可能な国家を創る
- 「海外への輸出展開力」という評価基準
- 50年後を創るために、今求められる決断
- 結束と強い意志の力を再び

これに気がつけば良いのです。

それでは、皆が黒船が来た時の気持ちになるには、どうすれば良いのでしょうか。黒船の群れの中に、船を漕ぎ出せば良いのです。敵に囲まれたところで商売をするのです。黒船が来た時の「結束と闘志」。これを思い出すために、輸出産業に漕ぎだすのです。

（注1）参考文献1、日本経済新聞、2016年12月3日から引用

（注2）産業改革機構：旧「産業再生法」・現在の「産業競争力強化法」に基づき設立された官民出資の投資ファンド

（注3）フリーズドライ：真空凍結乾燥技術.

（注4）参考文献2、日本経済新聞、2016年11月28日から引用
（注5）日揮：日本の代表的なエンジニアリング企業．本社、神奈川（横浜）．設立1928年10月
（注6）千代田化工建設：日本の代表的なエンジニアリング企業．本社、神奈川（横浜）．設立1948年1月
（注7）参考文献3、日本経済新聞、2016年9月22日から引用

参考文献

（1）椎野潤ブログ、永谷園が英食品買収　改革機構と海外に活路、2016年12月17日
（2）椎野潤ブログ、ファナック　日揮　ロシア市場開拓、2016年12月16日
（3）椎野潤ブログ、ベトナム　国営基幹企業売却　日本　欧州　タイ　ベトナム内需攻略、2016年10月13日
（4）鉄道発祥の地、英国で活躍する日立の高速鉄道車両、ソーシャルイノベーション、日立製作所、2015年4月

あとがき

本書をまとめて見ましたたら、全10回の連載で、書き足りないことがあるのを感じました。それを、ここに書かせていただきます。

日本林業へのＩｏＴの導入

日本林業は、今、大発展のチャンスにあると思います。私は、このゼミの第9回で、今、世界の産業を大変革させているＩｏＴ（あらゆる「モノ」をインターネットでつなぐ）による改革の、日本林業への導入の糸口に出会いました。

それは、スウェーデンのコマツフォレストが持っている「マキシエクスプローラ」です。これは林業―住宅等サプライチェーン関係者（育苗、育林、素材生産、丸太運搬、製材工場、プレカット工場、住宅建設現場、合板工場、チップ生産工場、バイオマス発電所、山主、林家、林業運営会社、森林組合等関係者の全て）を、インターネットで結び、画期的な改革を推進する、第４次産業革命を推進することができるものの基幹を持っているように思います。

しかし、私が説明を聞いたスウェーデンでの実情は、せっかく、ＩｏＴが実現できるインターネット上のクラウド経由で情報が結ばれているのに、その使用範囲は、生産指示を出す端末と山の現場のハーベスタとフォワーダーを結び、生産・運搬指示をする。また、切断した丸太を客先（製材工場、合板工場、輸出は港等）へ運ぶ連絡をすることだけに使っているように感じます。大変に、もったいないと思いました。

すなわち、このシステムは、林業会社（作業の発注者）と素材生産業者（ハーベスタ、フォワーダ等）の間だけの作業連絡・管理・記録システムに止まっているように見えるのです。

産業間を連結して産業間サプライチェーンマネジメントを実現して、大改革をするという発想には、まだ、達していないように感じます。その証拠に、肝心の客先（買い手：合板工場、製材工場等）とのインターネットの連結がありません。買い手と売り手の間のサプライチェーンマネジメントが、まだ、出来ていないように見えます。

今、迅速に着手すれば、林業のＩｏＴでは、諸外国よりも、日本の林業が先行できるかもしれません。

このハーベスタは、もうかなりの数、日本に入っているようです。しかし、多様で正確な伐採・切断が迅速に出来る林業機械という評価しかなく、その点では優れているが、コストが高すぎると、思われているのではないかと感じる言葉を聞きました。

要は、産業大改革のための情報接続装置という認識がなく、単なる高速伐採・切断機械と見られているような感じです。林業は、「物を作る工場の生産技術」から、もっと広い視点で見た「産業全体の進化」が必要なのです。

山林の小規模所有の整理

日本の林業の最大の問題点は、山林の小規模所有者が、圧倒的に多いことです。これを早急に解消する必要があります。日本の山林所有は、10ha未満の小規模所有者が95%を占めています。私の異業種における、過去のサプライチェーン改革の経験でも、多数の小規模事業者をまとめて改革するには、多重構造の管理組織が必要になります。管理の多重構造は、途中での情報の遮断が多く、円滑に管理運営が行われないばかりでなく、管理運営コストも、驚くほど巨額に膨らみます。

この問題点は、休眠状態にあった林業が、覚醒し本格的に稼働し始めるにつれて、顕在化します。ですから、今、早急に手を打っておかねばなりません。しかし、この改革には、政府の大英断と関係者の強い決意と国民の深い理解が必要になります。

これを実施するには、森林経営を委託したい人が出てきた時に、地域の受け皿が必要です。受けてくれる人が増えてくるには、どうしたら良いかを、まず、検討する必要があります。

次に無関心になっている小規模山主に、襷（たすき）を渡してしてもらう動機付けが必要です。山主は、規模は小さくても、日本の山を守る人の1人です。国の未来を託された1人です。これに責務を感じて協力してもらえるように、進めねばなりません。

山を守る責任を果せないことに悩みながらも、先祖が遺してくれた土地だから手放せないと考えている人も多いと思います。でも、これは凄く大事なことだから、皆がやるなら、一緒にやろうと言う人も多いと思われます。

小規模な所有地の集約については、農業における耕作放棄地の集約の前例が参考になると思われます。２０１５年６月30日閣議で、「農地保有課税強化」が閣議決定されました。一定の猶予期間を置き、その期間を経過したら、農地の税優遇を解除するとしました。その結果、長年の懸案事項であった耕作放棄地の集約が大きく前進しました。

林業も、この前例を参考にすると良いと思われます。すなわち、山林所有者の事情を丁寧に聞いて対応した上で、国の政策に協力してくれる山主には、充分、インセンティブの報償を与え、所有者不明の林地等は早急に然るべき処置を取るべきでしょう。

期限を切って、その期間内は優遇処置をとり、その期限の満了後は、林業地の税優遇を解除するなど、はっきりとした対応をとるのが適切だと思います。

ここで、重要な決断をしなければなりません。関係者の方々の真剣なご検討をお願いします。

椎野 潤

索　引

英字（アルファベット順）

あ行

ま行

や行

ら行

わ行

椎野　潤　しいの・じゅん

1936年、東京都生まれ。早稲田大学大学院アジア太平洋研究科（MBA）教授、早稲田大学建築市場研究会主宰、NPO法人「建築市場研究会」理事長、早稲田大学建設ロジスティクス研究会主宰等々を経て、現在、椎野ロジスティクス研究所所長、椎野塾塾長。工学博士。

日本のロジスティクス研究のフロンティアであり第一人者として活躍してきた。近年は日本の森林･林業･木材産業の発展に情熱を注いでいる。

著書に『日本再生、モノづくり時代のイノベーション、MOT時代へのシナリオ』（共著、早稲田大学ビジネススクール編　生産性出版　2003年）、『ビジネスモデル「建築市場」研究−連携が活性を生む』（日刊建設工業新聞社　2004年）、『建設業の明日を拓くⅢ、山と森と住まい－林野と共生する家づくり』（メディアポート　2008年）、『日本国産材産業の創成～森林から製材、家づくりへのサプライチェーンマネジメント～　改訂増補版』（堀川保幸と共著　メディアポート　2016年）、『日本木材輸出産業の船出～スギとヒノキと共に日本人の心を世界へ～』（酒井秀夫、堀川保幸と共著　メディアポート　2016年）、ほか多数。

—ブログ／建設業の明日を拓く　先導者たち—：「椎野潤・ブログ」検索

林業改良普及双書 No.186

椎野先生の「林業ロジスティクスゼミ」
ロジスティクスから考える林業サプライチェーン構築

2017年2月20日　初版発行

著　者 —— 椎野　潤
発行者 —— 渡辺政一
発行所 —— 全国林業改良普及協会
〒107-0052 東京都港区赤坂 1-9-13 三会堂ビル
電 話　03-3583-8461
FAX　03-3583-8465
注文FAX　03-3584-9126
H P　http://www. ringyou. or. jp/

装　幀 —— 野沢清子（株式会社エス・アンド・ピー）
印刷・製本 — 三報社印刷株式会社

ISBN978-4-88138-346-9